国网安徽省电力有限公司

110kV 新建变电站施工

标准化安全管控手册

国网安徽省电力有限公司　组编

中国电力出版社

CHINA ELECTRIC POWER PRESS

内 容 提 要

本书主要介绍 110kV 新建变电站工程施工标准化安全管控工作内容，全书共 5 章，详细阐述了基坑工程、二次电缆展放及接线、主变压器安装、GIS 安装及开关柜安装等关键环节的标准化管控要求，并且每一步骤都配以清晰的流程图、准备工作、技术工艺、常见问题及控制措施，全书图文并茂，理论严谨，实操性极强。

本书可供从事新建变电站工程规划、设计、施工、调试及运维等工作的专业人员阅读使用。

图书在版编目（CIP）数据

国网安徽省电力有限公司 110kV 新建变电站施工标准化安全管控手册 / 国网安徽省电力有限公司组编 .

北京：中国电力出版社，2025. 4. -- ISBN 978-7
-5198-9607-2

Ⅰ. TM63-62

中国国家版本馆 CIP 数据核字第 2025YM4050 号

出版发行：中国电力出版社

地　　址：北京市东城区北京站西街 19 号（邮政编码 100005）

网　　址：http://www.cepp.sgcc.com.cn

责任编辑：穆智勇

责任校对：黄　蓓　王海南　朱丽芳

装帧设计：王红柳

责任印制：石　雷

印　　刷：三河市航远印刷有限公司

版　　次：2025 年 4 月第一版

印　　次：2025 年 4 月北京第一次印刷

开　　本：710 毫米 ×1000 毫米　16 开本

印　　张：10.25

字　　数：150 千字

印　　数：0001—1500 册

定　　价：80.00 元

编委会

编写组

前　言

在21世纪的今天，电力已成为现代社会的血脉，支撑着各行各业的正常运转并为人们日常生活提供便捷。随着科技的飞速进步和经济的快速发展，电力行业面临着前所未有的挑战与机遇。新建变电站工程，作为电力传输与分配网络中的关键节点，其建设质量不仅关乎电网的稳定性和安全性，更是实现能源高效利用、促进绿色低碳发展的重要基石。因此，推进新建变电站工程的标准化、规范化建设，提升施工安全管控水平，已成为电力行业发展的迫切需求。

在此背景下，《国网安徽省电力有限公司110kV新建变电站施工标准化安全管控手册》应运而生。本书汇聚了电力行业多年来的实践经验与最新研究成果，旨在构建一个全面、系统、实用的知识体系，为110kV新建变电站工程的规划、设计、施工、调试及运维等全生命周期提供科学指导和标准化流程。

编者深知，标准化是提升工程质量、降低建设成本、加快工程进度的有效途径，也是推动电力行业可持续发展的关键力量。因此在内容编排上，本书详细阐述了变电站基坑、二次电缆、主变压器、GIS及开关柜施工等各个关键环节的标准化安全管控要求，每一步骤都配以清晰的流程图、准备工作、技术工艺、常见问题及控制措施，力求做到既理论严谨又实操性强。衷心希望这本书能够成为电力工程建设者手中的得力助手，为推动电力行业的高质量发展贡献力量。

本书在编写过程中，得到了大量专家学者和单位的帮助，有了他们的辛勤付出和无私奉献，《国网安徽省电力有限公司110kV新建变电站施工标准化安全管控手册》才得以顺利出版。同时，限于时间及精力，书中疏漏在所难免，期待读者在使用过程中不断提出宝贵意见，帮助编者持续改进，共同推动新建变电站工程标准化安全管控的完善与进步。

编者

2025 年 3 月

目　录

第1章
基坑开挖施工标准化安全管控

1.1 基坑开挖施工流程

基坑开挖施工流程如图1-1所示，主要包括施工准备、定位放线、标记开挖边线、采用降水措施（如需）、土方开挖、测量沟槽底标高、验槽和质量验收。

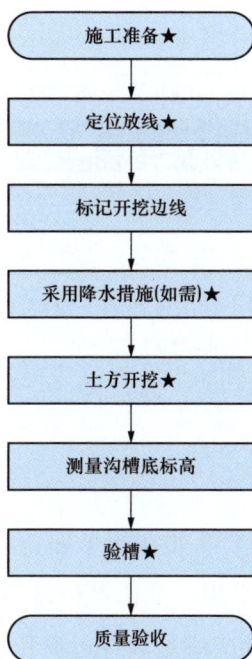

```
施工准备★
    ↓
定位放线★
    ↓
标记开挖边线
    ↓
采用降水措施(如需)★
    ↓
土方开挖★
    ↓
测量沟槽底标高
    ↓
验槽★
    ↓
质量验收
```

图 1-1　基坑开挖施工流程图

1.2 基坑开挖准备工作

1.2.1 现场勘察测量

现场勘察与测量是保障工程质量和安全的重要环节，主要内容包括站址位置情况、自然环境情况、地层结构情况、水文地质条件、现场勘察内容等。下面以"×东110kV变电站基坑开挖施工"为例进行说明。

1.2.1.1　站址位置情况

站址位于安徽省阜阳市某工业园内，××东路与××大道交口东北侧。站址宏观地貌属淮北冲积平原，微观地貌单元为河间地块，场地内部高程范围为24.5~24.9m（1985国家高程基准），场地平整，站址目前场地为杂地；交通便利，站址四周开阔，进出线方便。站址土地符合当地土地利用总体规划，非基本农田，属建设用地，未压覆矿产资源，站址表面未发现文物。站址附近无军事设施、风景旅游区及各类保护区等。×东110kV变电站工程主要建（构）筑物情况见表1-1。

表1-1　安徽阜阳×东110kV变电站工程主要建（构）筑物情况

类别	勘测情况
主要建筑物	配电装置室、警卫室
主要构筑物	电缆沟、事故油池、消防水池及泵房、化粪池
站区性建筑	场区土方平整、站内外道路、巡视小道、检修地坪及广场、站区给排水系统、防雷接地系统
…	…

1.2.1.2　自然环境情况

该工程所属地貌单元属于淮北冲积平原，自然地面高程在24.5~24.9m范围，现为耕地，场地内地平坦。变电站进站道路拟与南侧××东路相连。××东路路宽54m，交通方便，满足大件运输和施工通行条件。

1.2.1.3　地层结构情况

根据钻探、现场原位测试及室内土工试验资料综合分析，拟建场地勘探深度范围内地基土层，上部为素填土（Q4ml），下部为第四纪晚更新世冲积层（Q3al+pl）。按土的成因、物理力学性质及工程地质条件，可将地基土层划分为4个自然层，自上而下为：

第1层：素填土，层底标高25.42~28.47m，层厚0.60~1.60m，层底埋深0.60~1.50m。灰~灰黄色，稍湿，松散状态，均匀性差，含植物根茎等，主要成分为黏性土，高压缩性，局部为耕土。沟塘位置为淤泥。

第2层：黏土，层底标高24.13~24.95m，层厚1.00~4.60m，层底埋深2.00~5.40m。黄、灰黄色，可塑~硬塑，含钙质结核及铁锰结核，干强度高，中等压缩性，高韧性，无摇振反应，切面光滑，局部为粉质黏土。

第3层：粉质黏土，层底标高22.28~23.05m，层厚1.40~2.30m，层底埋深3.80~7.30m。褐黄、灰黄色，可塑~硬塑，含钙质结核及铁锰结核，干强度中等，中等压缩性，中等韧性，无摇振反应，稍有光泽，局部为黏土。

第4层：粉砂夹粉土，该层土未揭穿，最大揭示厚度6.20m。粉砂：黄、灰黄色，中密~密实状态，饱和，干强度低，中偏低压缩性，低韧性，摇振反应迅速，无光泽。粉土：黄、灰黄色，中密~密实状态，很湿，干强度低，中偏低压缩性，低韧性，摇振反应迅速，无光泽，局部夹粉质黏土。

各地层主要物理力学指标推荐值见表1-2。

表1-2　各地层主要物理力学指标推荐值

层序	土层名称	承载力特征值 f_{ak}（kPa）	压缩模量 E_s（MPa）	基床系数 K（kN/m³）
1	黏土	200	8.0	38000
2	粉质黏土	230	9.0	42000
3	粉砂夹粉土	20	13.0	—

1.2.1.4　水文地质条件

地下水类型、补给及地下水位：勘探揭示上部土层的地下水为上层滞水，由大气降水及地表水补给，以蒸发和渗透为主要排泄方式，并同河水呈互补关系；勘察期间测得场地稳定水位埋深（孔口以下）3.00m，高程在26.25m。历年来水位变幅在地面以下为1.00~4.00m。下部第4层粉砂夹粉土中的地下水为承压水，承压水头高3.00~5.00m。承压水主要由侧向径流补给，水量较大，水位稳定，季节性变化较小。

腐蚀性：根据区域水文地质资料，场地环境类型为Ⅱ类，地下水以HCO_3-Ca、Mg类型为主，地下水、土对混凝土及钢筋具微腐蚀性。

1.2.1.5 现场勘察内容

现场勘察内容包括需要停电的设备、保留的带电部位、交叉跨越的部分、作业现场的条件、环境及其他危险点、应采取的安全措施。

其中，作业现场的条件、环境及其他危险点包括：

（1）现场条件：作业现场场地平整严实，满足开挖条件。

（2）现场环境：施工区域周边环境良好。

（3）其他风险点：坍塌。

应采取的安全措施包括：

（1）采用机械化或智能化装备施工时，风险等级可降低一级管控。

（2）基坑顶部按规范要求设置挡水坎。按照设计要求进行放坡。

（3）一般土质条件下弃土堆底至基坑顶边距离不小于1m，弃土堆高不高于1.5m，垂直坑壁边坡条件下弃土堆底至基坑顶边距离不小于3m，软土场地的基坑边则不应在基坑边堆土。

（4）土方开挖中，现场监护及施工人员必须随时观测基坑周边土质，观测到基坑边缘有裂缝和渗水等异常时，立即停止作业并报告班组负责人，待处置完成合格后，再开始作业。

（5）人机配合开挖和清理基坑底余土时，设专人指挥和监护。规范设置供作业人员上下基坑的安全通道（梯子）。

（6）挖土区域设警戒线，各种机械、车辆严禁在开挖的基础边缘2m内行驶、停放。

（7）机械开挖采用"一机一指挥"，有两台挖掘机同时作业时，保持一定的安全距离，在挖掘机旋转范围内不允许有其他作业。开挖施工区域夜间应挂警示灯。

（8）开挖过程中，如遇有雨雪天气，应在做好防止深坑坠落和塌方措施后，迅速撤离作业现场。

（9）对开挖形成坠落深度1.5m及以上的基坑，应设置钢管扣件组装式安全围栏，并悬挂安全警示标识，围栏离坑边不得小于0.8m。

1.2.1.6　勘察结论

通过勘察，确定基坑开挖风险等级。现场勘察照片及现场勘察记录表样表如图1-2所示。

（a）现场勘察照片　　　　　（b）现场勘察记录表样表

图1-2　现场勘察照片及现场勘察记录表样表

1.2.2　组织措施制定

组织措施包括组织机构设置与施工人员配置。

1.2.2.1　组织机构

组织机构设置如图1-3所示，包括项目经理、项目总工、安全员、技术员、质检员、造价员、材料员、信息资料员及土建施工班组。

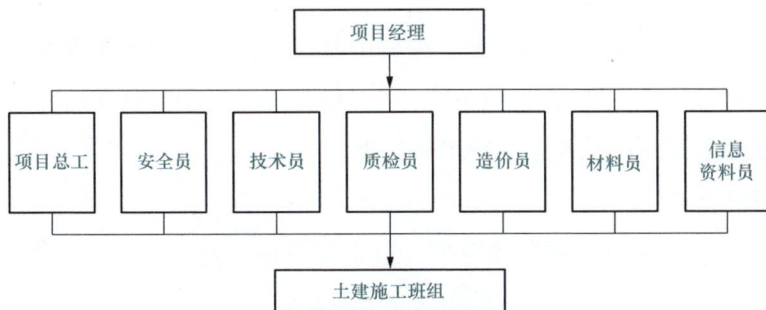

图1-3　组织机构设置

1.2.2.2　施工人员配置

1.2.2.2.1　施工项目部人员配置

1.项目经理

施工项目经理是施工现场管理的第一责任人，全面负责施工项目部各项管理工作：

（1）主持施工项目部工作，在授权范围内代表施工单位全面履行施工承包合同；对施工生产和组织调度实施全过程管理；确保工程施工顺利进行。

（2）组织建立相关施工责任制和各专业管理体系，组织落实各项管理组织和资源配备，并监督有效运行，同时在有关工程施工管理文件和质量合格文件上签字加盖注册建造师执业印章。负责项目部员工管理绩效的考核及奖惩。

（3）组织风险初勘，风险作业过程中，落实到岗、到位职责，开展安全责任考核检查。

（4）审核签发施工作业B票，对施工过程中的安全、质量、进度、技术、造价等管理要求执行情况进行检查、分析及组织纠偏。

（5）负责组织处理工程实施和检查中出现的重大问题，制定预防措施。特殊困难及时提请有关方协调解决。

（6）负责组织落实安全文明施工、职业健康、环境保护和水土保持有关要求；负责组织对重要工序、危险作业和特殊作业项目开工前的安全文明施工条件进行检查并签证确认；负责组织对分包单位进场条件进行检查，对分包队伍实行全过程安全管理。

（7）负责组织工程班组自检、项目部复检工作，配合公司级专检、监理验收、建设过程质量验收专项检查、竣工预验收、启动验收和启动试运行工作，并及时组织对相关问题进行闭环整改。

2.项目总工

项目总工在项目经理的领导下，负责项目施工技术及生产管理等工作，负责落实业主、监理项目部对工程技术方面的有关要求：

（1）负责编制施工进度计划、技术培训计划并督促实施。

（2）组织对项目全员进行安全、质量、技术及环保、水保等相关法律法规及其他要求培训工作。

（3）组织施工图预检，参加设计交底及施工图会检。施工发现与图纸不符的问题，及时上报监理、设计及建设管理单位，必要时履行设计变更及现场签证手续。

（4）负责审核签发施工作业A票，定期组织检查或抽查工程安全、质量情况，组织解决工程施工安全、质量有关问题。

（5）负责施工新工艺、新技术的研究、试验、应用及总结。

（6）负责组织收集、整理施工过程资料，工程投产后组织移交竣工资料。

（7）协助项目经理做好其他施工管理工作。

3.安全员

安全员协助项目经理负责施工过程中的安全文明施工和管理工作：

（1）负责施工人员的安全教育和上岗培训；汇总特种作业人员资质信息，报监理项目部审查。

（2）参与施工作业票审查，参与审核施工方案的安全技术措施，参加安全交底，检查施工过程中安全技术措施落实情况。

（3）审查施工分包队伍及人员进出场工作，检查分包作业现场安全措施落实情况，制止不安全行为。

（4）负责项目安全标准化配置，负责施工现场的安全文明施工状况，督促问题整改；制止和处罚违章作业和违章指挥行为；做好安全工作总结。

（5）遇有严重险情，有权责令先行停止生产。对不听从指令、严重违章指挥或违章作业者，有权越级汇报。参加因工伤亡事故调查，进行伤亡事故的统计、分析并按规定及时汇报，对重大伤亡事故和严重未遂事故和责任者提出处理意见。

（6）贯彻执行环保、水保工作要求，负责施工现场环保、水保措施落实情况，督促问题整改；配合环保、水保等管理部门进行专项验收。

（7）负责项目建设安全信息收集、整理与上报，每月按时上报安全信息月报。

4.技术员

技术员贯彻执行有关技术管理规定，协助项目经理或项目总工做好施工技术管理工作：

（1）熟悉有关设计文件，及时提出设计文件存在的问题。协助项目总工做好设计变更的现场执行及闭环管理。

（2）在施工过程中随时对施工现场进行检查和提供技术指导，存在问题或隐患时，及时提出技术解决和防范措施。

（3）负责组织施工班组和分包队伍做好项目施工过程中的施工记录和签证。

（4）参与审查施工作业票。

5.质检员

质检员协助项目经理负责项目实施过程中的质量控制和管理工作：

（1）对分包工程质量实施有效管控，监督检查分包工程的施工质量。

（2）定期检查工程施工质量情况，监督质量检查问题闭环整改情况，配合各级质量检查、质量监督、质量竞赛、质量验收等工作。

（3）组织进行隐蔽工程和关键工序检查，对不合格的项目责成返工，督促施工班组做好质量自检和施工记录的填写工作。

（4）按照工程质量管理及资料归档有关要求，收集、审查、整理施工记录、试验报告等资料。

（5）配合工程质量事件调查。

6.材料员

材料员负责按设计图纸要求采购相关工程材料，确保工程材料满足建筑节能要求；禁止采购国家明令禁止使用的材料，并对进场材料进行保管和见证取样；负责编制机械设备更新保养方案；负责主要机械设备技术档案、资料整理、报关业务。

7.信息资料员

（1）负责工程设计文件、施工信息及有关行政文件（资料）的接收、传递和保管，保证其安全性和有效性。

（2）负责有关会议纪要整理工作；负责有关工程资料的收集和整理工

作；负责指导项目部各专业开展基建数字化平台管理工作。

（3）建立文件资料管理台账，按时完成档案移交工作。

1.2.2.2.2　施工班组人员配置

1.施工班组长

班组负责人应正确安全地组织工作；负责检查工作票所列安全措施是否正确完备，是否符合现场实际条件，必要时予以补充；工作前对工作班成员进行危险点告知，交代安全措施和技术措施，并确认每一个工作班成员都已知晓；严格执行工作票所列安全措施；督促、监护工作班成员遵守本规程，正确使用劳动防护用品和执行现场安全措施；工作班成员精神状态是否良好，变动是否合适。

2.作业组成员

负责施工所需工器具材料的准备，按照图纸、规范、厂家资料、措施和安全技术交底等要求，完成组长分配的各项施工任务，及时主动地向作业组长反映安装中发现的安全、质量隐患和技术问题。作业人员应经相应的安全生产教育和岗位技能培训、考试合格，掌握本岗位所需的安全生产知识、安全作业技能和紧急救护法，了解相应的施工及验收规范、技术标准。作业人员应严格遵守现场安全作业规章制度和作业规程，服从管理，正确使用安全工器具和个人安全防护用品。作业人员应了解其作业现场和工作岗位存在的危险因素、防范措施及事故应急措施。作业人员发现安全隐患应妥善处理或向上级报告；发现直接危及人身、电网和设备安全的紧急情况时，应立即停止作业或在采取必要的应急措施后撤离危险区域。

1.2.3　安全措施制定

基坑开挖施工所使用的机械、工器具、线盘等须检测合格且在有效期内。从事特种作业的人员，必须进行专业操作技术培训和安全规程的学习，经有关部门考试合格并取证后方可上岗独立操作。开工前组织全体作业人员进行安全技术交底，明确安全管理要求及责任人，准备好安全设施和措施。使用电动工具应由电工接线，电动工具外壳应可靠接地，做到"一机一闸一保护"。

1.2.3.1　基本要求

满足基本要求的安全措施见表 1-3。

表 1-3　基本要求安全措施

序号	基本要求	安全措施
1	施工队伍的要求	分包队伍应根据工作性质，检查其营业执照、承装（修、试）电力设施许可证、建筑企业资质证、安全生产许可证、施工劳务资质证等资信真实、有效
2	人员准入要求	（1）特种作业人员必须持证上岗，禁止无证作业。 （2）进入施工现场的所有施工人员必须经过安全教育、培训，并经进场安全考试合格及接受安全技术交底后，方能进入现场进行施工；特种作业人员必须经过专业技术培训及专业考试合格，持证上岗
3	防触电要求	（1）进入施工现场，施工人员必须正确佩戴安全帽及正确使用安全用品，衣装整齐，严禁穿拖鞋、凉鞋及高跟鞋，严禁酒后进入施工现场，施工现场禁止吸烟。 （2）电源盘柜、电动工具外壳，必须用多股软铜线进行可靠接地。 （3）一、二级配电箱必须加锁，配电箱附近应配备消防器材。 （4）电动开关不可离操作者太远，作业人员离开现场时，必须断开机具电源。 （5）施工用电应严格遵守安全规程，实现三级配电二级保护，一机一闸一保护。总配电箱及区域配电箱的保护零线应重复接地，且接地电阻不大于 10Ω。 （6）配电箱、开关箱的电源进线端严禁采用插头和插座进行活动连接；移动式配电箱、开关箱的进、出线绝缘不得破损
4	机械使用安全要求	（1）机械开挖土方时应按照规定进行施工，禁止机械开挖与人工开挖同时进行。 （2）堆土应距坑边 1m 以外，高度不得超过 1.5m。 （3）机械操作人员在作业过程中，应集中精力正确操作，注意机械工况，不得擅自离开工作岗位或将机械交给其他无证人员操作。严禁无关人员进入作业区或操作室内。 （4）机械不得带病运转，运转中发现不正常时，应先停机检查，排除故障后方可使用。 （5）配合机械作业的清底、平地、修坡人员应在机械回转半径以外工作。 （6）严禁使用不合格的工器具

续表

序号	基本要求	安全措施
5	土方开挖及防坍塌要求	（1）挖掘区域内如发现不能辨认的物品、地下埋设物、古物等，严禁擅自敲拆，必须报告上级进行处理后方可继续施工。 （2）机械开挖土方时应按照规定进行施工，禁止机械开挖与人工开挖同时进行。 （3）开挖土方严禁逆坡开挖，应逐层进行施工，挖掘机的施工应有顺序。 （4）在施工区域内挖掘沟道或坑井时，其周围设置围栏及安全标识，夜间应设红灯警示，围栏距坑边不得小于0.8m。 （5）施工中（特别是在雨后及机械挖土时）应经常检查土方边坡，如发现开裂、疏松等危险征兆时，应立即采取措施，处理完毕后方可进行工作。 （6）上下基坑应使用铺设有防滑的跳板，跳板宽度不得小于0.75m，若坑边狭窄，则可使用靠梯。严禁攀登挡土支撑架上下或在坑井的边坡脚下休息。 （7）作业时，挖掘机前沿距工作面边缘至少应保持1~1.5m的安全距离，以防塌方，造成翻机事故。挖掘机工作范围内不许进行其他作业，不得有无关人员和障碍物，挖掘前先鸣笛。挖掘机挖土应由上而下，逐层进行，严禁先掘坡脚或逆坡挖土，不得用铲斗破碎石块等坚硬物体，当铲斗未离开工作面时，不得做回转、行走等动作。操作人员离开驾驶室时，必须将铲斗落地。 （8）基坑底部采用集水明排，水泵接管必须牢固、卡紧，工作时严禁将带压管口对准人体
6	保护环境的要求	（1）防止废弃物水土污染，培养员工勤俭节约，减少资源浪费的意识，废弃物优先考虑再利用，废弃的金属物不能随地乱扔，统一回收集中处理；建设过程中产生的建筑垃圾及时按照当地要求进行清运处理，施工完毕做到"工完、料尽、场地清"；废化工品按废弃物处理要求，设立回收箱统一回收集中处理。 （2）防止机械噪声造成的噪声污染，合理安排施工顺序和时间，避免噪声大的机具同时使用。同时，加强对吊车维护、保养、维修工作，加强对操作人员的技能培训，作业时尽量减少噪声的污染。缩短设备更新周期。 （3）防止机械废气造成的大气污染，加强对使用车辆及机械的维护、保养、维修工作，在机械、车辆装设废气净化器，使废气排放达到国家排放标准

1.2.3.2 常见危险点分析及控制措施

常见危险点及控制措施见表1-4。

表1-4 常见危险点及控制措施

序号	工序	风险因素	控制措施
1	土方开挖	坍塌机械伤害	（1）基坑顶部按规范要求设置截水沟。基坑底部应做好井点降水或集中排水措施，并按照设计要求进行放坡，若因环境原因无法放坡时，必须做好支护措施。 （2）一般土质条件下弃土堆底至基坑顶边距离不少于1m，弃土堆不高于1.5m，垂直坑壁边坡条件下弃土堆底至基坑顶边距离不小于3m，软土场地的基坑边则不应在基坑边堆土。 （3）土方开挖中，现场监护及施工人员必须随时观测基坑周边土质，观测到基坑边缘有裂缝和渗水等异常时，立即停止作业并报告班组负责人，待处置完成合格后，再开始作业。 （4）人机配合开挖和清理基坑底余土时，设专人指挥和监护。规范设置供作业人员上下基坑的安全通道（梯子）。 （5）开挖深度在5m以内的基坑挖土（不含5m），开挖过程中如遇大雨及以上雨情时，做好防止深坑坠落和塌方措施后，迅速撤离作业现场。 （6）机械行驶道路平整、坚实；底部应铺设路基箱垫道，防止作业时下陷。 （7）机械挖土分层进行，合理放坡，防止塌方、溜坡等造成机械倾翻、掩埋等事故。陡坡地段堆土设专人指挥，严禁在陡坡上转弯。 （8）多台挖掘机在同一作业面机械开挖，挖掘机间距应大于10m；多台挖掘机械在不同台阶同时开挖，应验算边坡稳定，上下台阶挖掘机前后应相距30m以上，挖掘机离下部边坡有一定的安全距离，以防造成翻车事故。 （9）机械施工区域禁止无关人员进入场地内。挖掘机工作回转半径内不得站人或进行其他作业。挖掘机、装载机卸土，应待整机停稳后进行，不得将铲斗从运输汽车驾驶室顶部越过；装土时人都不得停留在装土车上。 （10）机械开挖采用"一机一指挥"，有两台挖掘机同时作业时，保持一定的安全距离，在挖掘机旋转范围内，不允许有其他作业。开挖施工区域夜间应挂警示灯

续表

序号	工序	风险因素	控制措施
2	人工清槽、测量	物体打击、高处坠落	（1）进入现场必须正确佩戴安全帽，严禁在挖掘机覆盖范围内和有可能坠物的区域逗留、休息。 （2）人工基坑清理时，两人操作间距应大于2.5m。 （3）高处临边、施工操作平台等安全防护栏杆下部必须按规定设置挡脚板，挡脚板与平台间隙不得大于10mm。 （4）进洞前应做好洞脸边坡防护，高边坡应设置马道和平台，平台沿边应设置挡渣设施
3	土方回填、夯实	机械伤害、触电伤害、高处坠落	（1）上下坡道时不得超过挖掘机允许最大坡度，下坡用慢速行驶，严禁在坡道上变速和空档滑行。检查挖掘机各部位应符合标准要求，经常清除、保养有损部位。作业后，应将挖掘机停在坚实、平坦、安全的地点，将铲斗落地。 （2）机械操作工在施工前，由施工技术人员对其进行施工任务和安全技术交底。操作人员应熟悉作业环境和施工条件，听从指挥，遵守现场安全规则。 （3）操作人员在作业过程中，应集中精力正确操作，注意机械工况，不得擅自离开工作岗位或将机械交给其他无证人员操作。严禁无关人员进入作业区或操作室内。 （4）机械应定期维护、保养，运转中发现不正常时，应先停机检查，排除故障后方可使用，不得带病运转。 （5）挖掘机进场工作时，首先应该鸣笛示意，提醒施工人员和场外观者注意避让。机械指挥人员应全神贯注，随时注意观察施工区域有无异常，指挥手语清晰果断。 （6）挖掘机操作和汽车装土行驶要听从现场指挥；所有车辆必须严格按规定的开行路线行驶，防止撞车。 （7）夯实机作业时，应一人扶夯，一人传递电缆线，且必须戴绝缘手套和穿绝缘鞋。递线人员应跟随夯机后或两侧调顺电缆线，电缆线不得扭结或缠绕，且不得张拉过紧，应保持有3~4m的余量。 （8）作业时，手握扶手应保持机身平衡，不得用力向后压，并应随时调整行进方向。转弯时不得用力过猛，不得急转弯。 （9）夯实填高土方时，应在边缘以内100~150mm夯实2~3遍后，再夯实边缘。不得在斜坡上夯行，以防夯头后折。

序号	工序	风险因素	控制措施
3	土方回填、夯实	机械伤害、触电伤害、高处坠落	（10）夯板应避开钢筋混凝土基础及地下管道等地下构筑物。 （11）多机作业时，其平行间距不得小于5m，前后间距不得小于10m。夯机前进方向和夯机四周1m范围内，不得站立非操作人员。 （12）电动机械设备使用前必须进行检查，确认使用的开关接触良好、设备通电试验正常；电动机械设备应由专人操作；电动机械设备必须进行保护接地，并实行"一机一闸一保护"。 （13）基坑必须设置专用斜道、梯道、扶梯、入坑踏步等攀登设施，作业人员严禁沿坑壁、支撑或乘坐非载人运输工具进出基坑。 （14）基坑支撑拆除施工时，必须设置安全可靠的防护措施和作业空间，严禁无关人员入内

1.2.4　技术措施制定

1.2.4.1　技术交底

技术交底包括以下内容：

（1）组织相关的专业技术人员进行施工图会审，参加设计交底，如图1-4（a）所示。

（2）组织施工技术人员熟悉图纸、施工工艺及有关技术规范，了解设计要求达到的技术标准、明确工艺流程。

（3）编制工程进度计划及材料和设备需用计划，提交采购所需的详细图纸。

（4）将编制好且通过审批的"基坑开挖施工方案"作为作业指导，落实现场项目部级、班组级施工技术交底，如图1-4（b）所示，对施工人员进行技术交底、组织人员学习。

（5）对施工人员进行安全技术交底，做好充分的安全技术准备工作。

（6）根据要求放线，并经检查复线。

（7）施工现场的供水、供电应满足混凝土连续施工的需要，当有断电可能时，应有双路供电或自备电源等措施。

（a）设计交底　　　　　　　　　　（b）班组技术交底

图 1-4　设计交底与班组技术交底

1.2.4.2　保证工程质量的技术措施

保证工程质量的技术措施包括以下内容：

（1）建立质量保证体系，提高全员质量意识，确保质量管理贯穿整个施工过程。坚持质量自检、互检、交接检"三检"制，遵守上道工序不经验收或验收不合格不进入下道工序施工原则。

（2）实行质量管理项目部负责制，配置专职质检员，具体负责质量管理工作。严格按项目部管理体系进行施工管理。

（3）各道工序施工必须严格执行各种现行施工验收规范和质量标准。

（4）做好各道工序间的隐蔽工程验收，凡经验收项目划分表圈定的见证分项，均应经现场监理检验合格并签证后方可进入下道工序施工。

（5）严格按设计施工图施工，根据设计施工图有关基准，用经过检测的测量器具准确控制所有坐标、轴线、标高、几何尺寸，以确保满足设计要求。

（6）认真做好工程施工、技术、管理资料的收集归档和保管工作，资料应具备工程施工全过程的全面性、真实性、可靠性，并做好装订成册和移交工作。

1.2.4.3　主要施工工序质量保证措施

主要施工工序质量保证措施包括以下内容：

（1）基坑开挖前必须编制基坑开挖专项施工方案，认真学习图纸。对确定的开挖方案不得随意更改，严格按方案的流程、工序执行。

（2）开挖过程中严格控制开挖标高，严禁超挖少挖。

（3）基坑、基槽挖至设计标高后，应及时会同设计单位（或建设单位）和监理单位进行验槽，并做好隐蔽工程记录。

（4）在挖方边坡上侧进行材料及移动施工机械时，应与挖方边缘保持一定距离，以保证边坡和直立壁的稳定。堆土或材料应距挖方边缘1m以外，高度不超过1.5m。

（5）基坑挖至设计标高后，应及时会同设计单位（或建设单位）和监理单位进行验槽，并做好隐蔽工程记录。

1.3 基坑开挖施工技术与工艺

本节主要对开挖深度较大的事故油池和消防水池及泵房进行描述，其他基坑施工参照执行。

1.3.1 施工准备

1.3.1.1 施工人员准备

工程人员根据现场实际情况进行配置，人员安排见表1-5，根据施工时现场情况进行动态调整。

表1-5 施工劳动力计划表（示例）

岗位	人数	岗位	人数
工作负责人	1	挖掘机驾驶员	2
技术员	1	压路机驾驶员	1
质检员	1	自卸汽车驾驶员	3
安全员	1	翻斗车驾驶员	2
测量员	2	电工	1
作业组长	1	普工	10

1.3.1.2 材料要求

相关材料要求如下：

（1）填料最大粒径小于300mm，填料最小强度要求（CBR）为3%。

（2）建筑垃圾、淤泥、耕土、强膨胀性土及有机质含量大于5%的土，不得用于直接回填。

（3）液限大于50%、塑性指数大于26的细粒土，不得直接作为回填填料。

（4）以粉质黏土、粉土作填料时，其含水量应控制在最优含水量±2%，可采用击实试验确定。

（5）在稻田、湖塘等地段，应视具体情况采取排水、清淤、晾晒等处理措施控制其含水量。

（6）回填应分层压实，分层厚度不大于300mm，分层压实系数不应小于0.94。

（7）回填土渗透系数大的填于下层，渗透系数小的填于上层。

（8）每层回土填压实后需测定压实后土的干容重，检验其压实系数和压实范围符合设计要求后，才能填筑上层。

1.3.1.3 机械及工器具配置

主要施工机械及工器具见表1–6。

表1–6 主要施工机械及工器具（示例）

序号	名称	型号	数量	备注
1	挖掘机	SY215C	1台	合格
2	翻斗车	—	2台	合格
3	振动式压路机	18t（振动）	1台	合格
4	自卸汽车	—	2辆	合格
5	抽水机	—	4台	合格
6	铁锹	—	15把	合格
7	贯入度试验锤	—	1把	合格
8	水准仪	—	1台	合格

续表

序号	名称	型号	数量	备注
9	全站仪	—	1台	合格
10	钢卷尺	—	2卷	合格
11	打夯机	—	1台	合格

1.3.1.4　主要施工安全工器具配置

施工安全用具见表1–7。

表 1–7　施工安全用具（示例）

序号	名称	规格	单位	数量	备注
1	安全围栏	标准围栏	m	200	—
2	脚手管围栏	—	m	500	—
3	安全警示牌	—	个	30	—
4	安全帽	—	顶	20	—
5	绝缘手套	—	副	3	—
6	绝缘靴	—	双	3	—
7	安全警示带	—	m	200	—

1.3.1.5　施工场地准备

（1）学习和审查图纸，勘察施工现场。结合施工现场实际情况，确定土方位置与机械及载重汽车的行进路线，进行土方开挖。场地平整前，要确定土方设计标高，计算挖土方量，并根据工程规模、施工期限、现场机械设备条件，选用土方机械，拟订施工方案。确定开挖路线、顺序、范围、底板标高，以及土方的堆放点，编制施工开挖方案、绘制开挖图。

（2）及时清除场地内遗留的施工材料及其他障碍物。

1.3.2　测量放线

测量放线的工作流程及工艺标准见表1–8。

表 1–8　测量放线的工作流程及工艺标准

工作流程	工艺 / 工作要求	标准示例
开工前测量准备	依据设计提交的测量控制基准点为基础，建立闭合导线控制网，再根据施工控制网测设各个细部。开工前测量准备工作包括：检查和复核测量基准点，增设控制点和水准点、建立控制网、施工放样	—
控制桩的测设	（1）沿 A、B 坐标方向布设四个测量控制桩（坐标、水准并用），采用全圆方向法观测，严密平差法计算坐标。坐标测量采用全站仪，标高测量采用水准仪。 （2）为保证控制桩的稳定性，控制桩应埋入地面以下 0.5m，采用 ϕ 50 镀锌钢管桩，周围采用实心砖砌实，桩顶用混凝土现浇，并安装标准控制点标桩，四周设红白相间的钢管桩（施工期）保护。 （3）控制桩的测量工作必须进行复核，以保证测量工作的准确性	
平面轴线的控制	根据控制桩的实际情况，设置在安全、易保护位置，相邻点间通视良好。根据已经布设好的控制网和轴线对其位置进行放线和检查	
高程控制	水准网的测设：根据现场情况，在现场空场地处拟设 1 个水准点。±0.000m 以下的高程控制点从地面高程控制网的某一点向下引测，闭合到另一个地面高程控制点上，限差应不超过 3mm	

1.3.3 土方开挖

1.3.3.1 事故油池基坑施工工作流程及工艺标准

根据图纸设计要求，该工程事故油池图纸为地下建筑，钢筋混凝土结构，筏板基础，位于站区西侧，油池呈长方形、长为5.7m、宽为2.5m，事故油池底标高为–4.6m，场地标高 ±0.00m 为吴淞高程的43m，经过全站场地平整后事故油池区域地标高约–0.35m，实际开挖深度为4.25m。

事故油池基坑施工工作流程及工艺标准见表1–9。

表 1–9 事故油池基坑施工工作流程及工艺标准

工作流程	工艺 / 工作要求	标准示例
标出开挖轮廓线	基坑开挖采用机械配合人工进行开挖，根据事故油池尺寸及基坑放坡比例（1：0.75），基坑开挖前组织作业人员洒灰线，标出开挖轮廓线，附开挖平面布置示意图及开挖坡面示意图	 事故油池基坑开挖示意图
机械开挖与人工修边	机械开挖严格控制好基底标高，基底设计标高以上200~300mm的原状土应该保留，后采用人工修坡清底施工，禁止扰动原状土，严禁超挖。局部超深位置应与设计沟通及时处理，严禁基坑长时间暴露。人工修边前应该用挖掘机将机械开挖过程中留下的凸出土边顺坡度方向修理平整，以免风干开裂、脱落伤人。 （1）对定位放线的控制，应复核建（构）筑物的定位桩、轴线、方位和几何尺寸。	

续表

工作流程	工艺 / 工作要求	标准示例
机械开挖与人工修边	（2）对土方开挖的控制，检查挖土标高、截面尺寸、放坡和排水。地下水位应保持低于开挖面500mm以下。 （3）土方开挖工程质量检验标准：柱基、基坑、基槽标高允许偏差−50~+0mm，长度、宽度允许偏差−50~+200mm；管沟标高允许偏差−50~+0mm，长度、宽度允许偏差50~+100mm；边坡及基底土性符合设计要求。 （4）石方开挖工程质量检验标准：基底岩（土）质必须符合设计要求；边坡坡度偏差应符合设计要求，不允许偏陡，稳定无松石；柱基、基坑、基槽、管沟顶面标高允许偏差−200~+0mm，几何尺寸允许偏差0~+200mm	
爬梯设置	基坑开挖时应设置安全围栏和安全警示牌以及供施工人员上下专用的防滑爬梯	
安全围栏设置	基槽上口边缘内侧1m处加设钢管硬质围护。采用钢管及扣件组装，其中立杆间距为2000~2500mm，立杆打入地面深度500~700mm，离边口的距离不应小于800mm；上横杆离地高度为1000~1200mm，下横杆离地高度为500~600mm，杆件强度应满足安全要求。	

工作流程	工艺 / 工作要求	标准示例
安全围栏设置	红白油漆间距宜为400~600mm。用于临空作业面时，应设置高180mm的挡脚板或安全立网。安全围栏应与警告、提示标识配合使用，固定方式应稳定可靠，人员可接近部位水平杆突出部分不得超出100mm，端头套塑料封口保护帽。基坑应设置基坑边坡防护，并设置上下通道（可采用钢管搭设或成品钢梯），并悬挂安全标识牌	
降水措施	（1）基坑开挖全过程现场应该做好截水、排水措施。 （2）在基坑开挖施工的同时须采取分层明沟、集水井排水法，及时排除集水井内汇集的积水。在地表面基坑上边缘外侧0.3m远处设置截水沟或挡水坎，防止地表水流入基坑。在开挖过程中，在基坑底层四周及时设置排水明沟，并在基坑转角处设置集水井，使上部土层中的地下水及基坑渗出的地下水通过排水明沟汇集于集水井内，然后用水泵将其排出基坑外，沟道宽0.2m、深0.3m，沟道至基坑边坡设2%的泛水，并在沟道转角的地方设集水井，集水井不小于40在基坑开60cm（深），用水泵将水就近排出站外	
开挖后覆盖	基坑边坡开挖完成后采用挂网覆盖。连日阴雨天和连日阳光暴晒天施工时，用彩条布将基坑边坡进行覆盖，避免由雨水渗透引起塌方和阳光暴晒引起边坡坑壁松动滑落伤人，基础施工完成后应该及时回填作业，以减少深基坑安全风险	

1.3.3.2 消防水池及泵房工程工作流程及工艺标准

根据图纸设计要求，该工程消防水池及泵房图纸为地下建筑，钢筋混凝土结构，筏板基础，位于站区西侧，消防水池呈长方形，长为27.1m、宽为9.4m，消防水池底标高为-4.8m，消防泵房底标高为-4.7m，场地标高±0.00m为吴淞高程的43m，经过全站场地平整后消防水池及泵房区域地标高约-0.5m，最大实际开挖深度为4.3m。

消防水池及泵房工程工作流程及工艺标准见表1-10。

表 1-10 消防水池及泵房工程工作流程及工艺标准

工作流程	工艺/工作要求	标准示例
标出开挖轮廓线	基坑开挖采用机械配合人工进行开挖，根据消防水池及泵房尺寸及基坑放坡比例（1∶0.75），基坑开挖前组织作业人员洒灰线，标出开挖轮廓线，附开挖平面布置示意图及开挖坡面示意图	 消防水泵房、水池基槽开挖示意图 消防水池、泵房开挖坡面示意图

工作流程	工艺 / 工作要求	标准示例
基坑开挖与人工修边	基坑开挖过程中安全员应做好全过程巡视，做好基坑安全围护及基坑上下坡道的策划布置工作。机械开挖严格控制好基底标高，基底设计标高以上200~300mm的原状土应该保留，后采用人工修坡清底施工，禁止扰动原状土，严禁超挖。局部超深位置应与设计沟通及时处理，严禁基坑长时间暴露。人工修边前应该用挖掘机将机械开挖过程中留下的凸出土边顺坡度方向修理平整，以免风干开裂、脱落伤人	
开挖后覆盖	基坑边坡开挖完成后采用挂网覆盖。连日阴雨天和连日阳光暴晒天施工时，用彩条布将基坑边坡进行覆盖，避免由雨水渗透引起塌方和阳光暴晒引起边坡坑壁松动滑落伤人，基础施工完后应该及时回填作业，以减少深基坑安全风险	

1.3.4 土方回填

土方回填方法采用机械回填和人工回填相结合的方法，机械压实主要机械为压路机，夯实主要机械为打夯机。

土方回填工作流程及工艺标准见表1-11。

表 1-11　土方回填工作流程及工艺标准

工作方法	工艺／工作要求	标准示例
机械压实方法	（1）为保证填土压实的均匀性及密实度，避免碾轮下陷，提高碾压效率，在碾压机械碾压之前，宜先用轻型推土机推平，低速预压 4~5 遍，使平面平实；采用振动平碾压实碎石土，应先静压，而后振压。 （2）碾压机械压实填方时，应控制行驶速度，一般平碾和振动碾不超过 2km/h，并要控制压实遍数。压实机械与基础管道应保持一定的距离，防止将基础、管道压坏或使之位移。 （3）用平碾压路机进行填方压实，应采用"薄填、慢驶、多次"的方法，填土（素土、灰土、碎石土）厚度均不应超过 20~25cm，每层压实遍数 6~8 遍，碾压方向应从两边逐渐压向中间，碾轮每次重叠宽度约 15~25cm，避免漏压。 （4）平碾碾压一层完成后，应用人工或推土机将表面拉毛，土层表面太干时，应洒水湿润后继续回填，以保证上、下层结合良好	
人工夯实方法	（1）采用打夯机等小型机具夯实时，一般填土厚度不宜大于 25cm，每层压实遍数 3~4 遍，打夯之前对填土初步平整，打夯机依次夯打，均匀分布，不留间隙。 （2）在打夯机工作不到的地方用人力打夯，虚铺厚度不大于 20cm。人力打夯前应将填土初步整平，打夯要按一定方向进行，一夯压半夯，夯夯相连，行行相连，两遍纵横交错，分层夯打。夯实基槽及地坪时，行夯路线应由四边开始，然后夯向中间。 （3）回填管沟时，应用人工先在管子周围填土夯实，并从管道两边同时进行，直至管顶 0.5m 以上。在不损坏管道的情况下，方可采用机械回填夯实	

续表

工作方法	工艺 / 工作要求	标准示例
土石方回填与压实	（1）场地回填土宜优先利用基坑土及黏性土，有机质含量不大于5%，不宜使用淤泥质土，含水量应控制在最优含水量的±2%内。 （2）回填土施工时的分层厚度及压实系数不应小于设计值。 （3）回填土每层夯实后，应按规范规定进行环刀法、灌水法或灌砂法取样，分层压实系数达到设计要求后，方可进行上一层铺土。 （4）填土全部完成后，根据设计要求标高对表面拉线找平，凡超过标准标高的地方，及时依线铲平；凡低于标准标高的地方，应补土夯实。 （5）施工结束后，应进行标高及压实系数检验，并填写质量验收记录。 （6）检查数量应符合下列要求。 1）主控项目。 a.基底处理：应全数检查。 b.压实系数：采用环刀法取样时，基坑和室内回填，每层按100~500m²取样1组，且每层不少于1组；柱基回填，每层抽样柱基总数的10%，且不少于5组；基槽或管沟回填，每层按长度20~50m取样1组，且每层不少于1组；室外场地回填，每层按400~900m²取样1组，且每层不少于1组，取样部位应在每层压实后的下半部。采用灌砂或灌水法取样时，取样数量可较环刀法适当减少，但每层不少于1组。 c.坡率：边坡每20m取1点，且每边不应少于1点。 d.标高：每100m²取l点，且不应少于10点。 e.回填土料：应全数检查。	

续表

工作方法	工艺 / 工作要求	标准示例
土石方回填与压实	2）一般项目。 a.分层厚度：每层填筑厚度及压实遍数应根据土质、压实系数及所用机具确定，如设计无要求时，应按现行有关标准执行。 b.含水量：每5000m³取一次，或土质发生变化时取样。 c.表面平整度：每100m²取1点，且不应少于10点。 d.有机质含量、辗迹重叠长度：应全数检查	

土石方回填与压实后及时进行质量验收，填写填方工程检验批质量验收记录表，见表1-12。

表 1-12　柱基、基坑、基槽、管沟、地（路）面基础层填方工程检验批质量验收记录

编号：

单位（子单位）工程名称		分部（子分部）工程名称		分项工程名称	
施工单位		项目经理		检验批容量	
分包单位		分包单位项目经理		检验批部位	
施工依据	《建筑地基基础工程施工规范》（GB 51004—2015）		验收依据	《建筑地基基础工程施工质量验收标准》（GB 50202—2018）	
验收项目		设计要求及规范规定	最小 / 实际抽样数量	检查记录	检查结果
主控项目	1　基底处理	应符合设计要求和现行国家及行业有关标准的规定	最小： 实际：		

续表

验收项目			设计要求及规范规定	最小／实际抽样数量	检查记录	检查结果
主控项目	2	坡率	设计值：	最小： 实际：		
	3	回填土料	设计要求：	最小： 实际：		
	4	标高	−50～+0mm	最小： 实际：		
	5	分层压实系数	设计值：	最小： 实际：		
一般项目	1	分层厚度	设计要求：	最小： 实际：		
	2	含水量	最优含水量±2%	最小： 实际：		
	3	表面平整度允许偏差	±20mm	最小： 实际：		
	4	有机质含量允许偏差	≤5%	最小： 实际：		
	5	辗迹重叠长度允许偏差	500～1000mm	最小： 实际：		
施工单位检查结果			班组长： 分包单位项目质检员： 项目部质检员： 　　　　　　　　年　　月　　日			
监理单位验收结论			专业监理工程师： 　　　　　　　　年　　月　　日			

1.3.5　雨期施工

雨期施工工艺／工作要求见表1–13。

表 1-13　雨期施工工艺／工作要求

工作	工艺／工作要求	标准示例
雨期施工	（1）雨期施工的基坑（槽）要注意边坡稳定，必要时要适当放缓边坡坡度或设置支撑，同时应在基坑外侧围以土堤或挖水沟，防止地面水流入。 （2）雨期施工的工作面不宜过大，应逐段、逐片分期完成。重要或特殊的土方工程，应尽量在雨期前完成，基槽的回填土应连续，尽快完成。施工时应防止地面水流入基坑，以免边坡塌方或基土破坏	—

1.3.6　夜间施工

夜间施工工艺／工作要求见表1-14。

表 1-14　夜间施工工艺／工作要求

工作	工艺／工作要求	标准示例
夜间施工	（1）夜间土方开挖作业施工现场设置明显的交通标识、安全标牌、警戒灯等，标识牌具备夜间荧光功能。危险临边区域使用钢管围栏并涂刷荧光漆，保证施工机械和施工人员的安全。如安排夜间作业，白天工作班结束后应用反光带将夜间施工范围、临时道路两侧圈定，禁止施工反光带以外的区域。 （2）夜间施工应选用状态良好的机械，每台挖掘机要配专人进行监护，项目部管理人员带领施工队专职安全员在各施工区域进行巡查，做到同进同出。 （3）夜间回填土每层回填厚度应进行重点控制，项目部管理人员带领施工队专（兼）质检员在各回填区开展跟踪检查。 （4）土方阶段噪声控制：围墙处测量，昼间不超过 75 dB、夜间不超过 55 dB	

工作	工艺／工作要求	标准示例
夜间施工	（5）夜间施工应减少工作强度，减少临时道路车辆流量，避免车辆相对行驶；施工班组增派监护人员在道路转弯处、上下坡等视野盲区巡视，加强交通指挥。 （6）夜间铲车工作应根据指挥人员的荧光棒信号进行，禁止机械在自卸汽车卸土后自行施工	

1.4 常见问题及控制措施

常见问题及控制措施见表1–15。

表 1–15 常见问题及控制措施

序号	常见问题	注意事项及控制措施
1	橡皮土处理	（1）出现橡皮土的情况要暂停一段时间施工，避免再直接碾压，橡皮土含水量会逐渐降低，或者将橡皮土翻开晾晒，含水量降低后再重新回填。 （2）如该情况比较严重，可在翻开后掺入一定量碎石或石灰粉，改变土体结构再进行碾压
2	软弱层处理	（1）回填时如遇软弱层，应减小回填分层厚度，增加碾压遍数。 （2）如遇大面积软弱层，则向监理项目部、设计单位反映，并按设计文件要求处理

第2章
二次电缆展放施工标准化安全管控

2.1 二次电缆展放施工流程

二次电缆展放施工流程如图2-1所示。

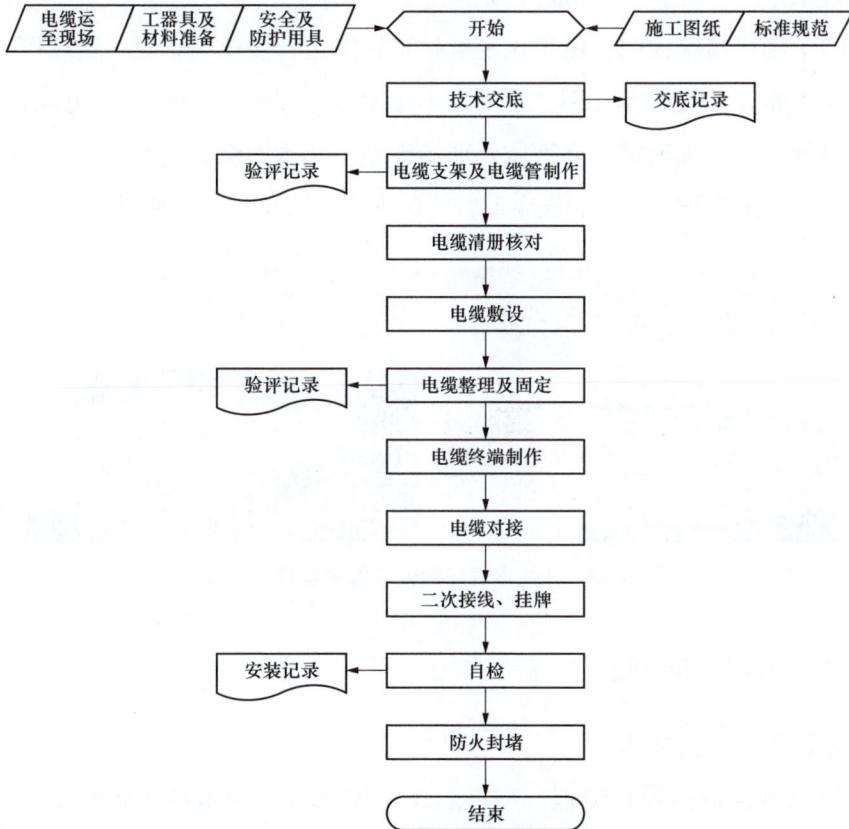

图 2-1 二次电缆展放施工流程图

2.2 二次电缆展放前准备工作

2.2.1 现场勘察测量

以安徽阜阳某110kV输变电工程新建变电工程为例。

（1）阜阳罗东变电站勘察情况：规范开展土建交电气标准化转序（见图2-2），做到安装无土化施工。勘察组对变电站室内外电缆沟、10kV开关室、二次保护室、电容器室、接地变压器消弧线圈、GIS及主变压器区工作场地进行勘察，重点勘察了一次电缆沟、二次电缆沟等电缆通道走向情况，了解地下管线路径。策划施工区域的安全围栏设置，拟订电缆展放施工场地位置及确定采用施工机械，现场满足安全、作业要求。

（2）勘察情况说明：由于该变电站是智能运行变电站，且一键顺控同步建设，本次二次电缆施工量大、敷设根数较多，为保证所有进柜电缆正确、点位接线准确、无遗漏，必须做好现场策划，熟悉图纸和电缆路径，同时做好现场的安全围护、警示和安全监督，确保施工安全、工程质量。

图2-2 开关室现场勘察及保护室现场勘察

2.2.2 组织措施制定

2.2.2.1 组织机构

组织机构包括项目经理、项目总工、安全员、技术员、质检员、造价员、信息资料员、材料员及电气安装班组，如图2-3所示。

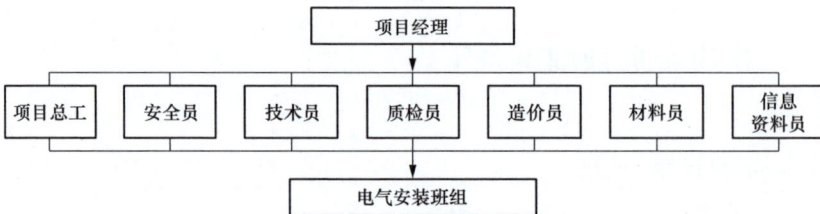

图2-3 组织机构

2.2.2.2 施工人员职责

2.2.2.2.1 施工项目部人员职责

（1）项目经理：全面负责电缆施工的组织和协调工作，并对整个施工过程中的安全、质量、进度、物资和文明施工负责。

（2）技术负责人：负责技术准备和现场技术交底，参与电缆进场检查和附件清点，深入现场指导施工，及时发现和解决施工中出现的技术问题。对施工措施执行情况和质量检验工作进行监督、指导，对施工质量在技术上负责。

（3）质检员：熟悉图纸并掌握有关标准规范和程序文件。负责检查、监督施工过程中的质量保证、检验及数码照片采集工作。

（4）安全员：负责安装全过程中的安全监督，协助组织施工前的安全检查和安全教育。

（5）材料员：材料员负责按设计图纸要求采购相关工程材料，确保工程材料满足建筑节能要求禁止采购国家明令禁止使用的材料，并对进场材料进行保管和见证取样；负责编制机械设备更新保养，负责主要机械设备技术档案、资料整理、报关业务。

（6）信息资料员：

1）对工程设计文件、施工信息及有关行政文件（资料）的接收、传递和保管，保证其安全性和有效性；

2）负责有关会议纪要整理工作，负责有关工程资料的收集和整理工作，负责指导项目部各专业开展基建数字化平台管理工作；

3）建立文件资料管理台账，按时完成档案移交工作。

2.2.2.2.2 施工班组人员职责

（1）施工班组长：负责完成本作业组内的各项工作任务，并负责对本作业组成员的安全监护。配合质检工作，负责施工记录的填写。

（2）作业组成员：负责施工所需工器具材料的准备，按照图纸、规范、厂家资料、措施和安全技术交底等要求，完成组长分配的各项施工任务，及时主动地向作业组长反映安装中发现的安全、质量隐患和技术问题。施工人员应有丰富二次接线工作经历，技术熟练，工作认真负责的人员，对二次回路较为熟悉，在施工前应认真熟悉图纸、施工方案及现场运行屏柜内接线情况。

（3）电缆敷设组：负责电缆的清点、检查、倒运；电缆敷设、固定、标识及电缆终端制作。

（4）二次施工组：负责电缆敷设、对线、二次接线、屏蔽线制作、挂牌等二次相关工作。

（5）起重指挥：负责起重机械、器具的准备和检验，指挥施工中的起重作业，并对起重作业中的安全负责。

（6）后勤组：负责整个安装过程中的后勤保障工作。

2.2.3 安全措施制定

电缆展放和二次接线所使用的机械、工器具、线盘等须检测合格且在有效期内，部分工具经过绝缘处理。从事特种作业人员，必须进行专业操作技术培训和安全规程的学习，经有关部门考试合格并取证后方可上岗。开工前组织全体作业人员进行安全技术交底，明确安全管理要求及责任人，准备好安全设施和措施。使用电动工具应由电工接线，电动工具外壳应可靠接地，做到"一机一闸一保护"。

2.2.3.1 基本要求

满足基本要求的安全措施见表 2-1。

表 2-1　基本要求的安全措施

序号	基本要求	安全措施
1	施工队伍的要求	分包队伍应根据工作性质，检查其营业执照、承装（修、试）电力设施许可证、建筑企业资质证、安全生产许可证、施工劳务资质证等资信真实、有效
2	人员准入要求	（1）特种作业人员必须持证上岗，禁止无证作业。 （2）进入施工现场的所有施工人员必须经过安全教育、培训、并经进场安全考试合格及接受安全技术交底后，方能进入现场进行施工；特种作业人员必须经过专业技术培训及专业考试合格，持证上岗

续表

序号	基本要求	安全措施
3	防触电要求	（1）进入施工现场，施工人员必须正确佩戴安全帽及正确使用安全用品，衣装整齐，严禁穿拖鞋、凉鞋及高跟鞋，严禁酒后进入施工现场，施工现场禁止吸烟。 （2）施工用电应严格遵守安全规程，实现三级配电二级保护，"一机一闸一保护"。总配电箱及区域配电箱的保护零线应重复接地，且接地电阻不大于10Ω。 （3）电焊机、电源盘柜、电动机具外壳必须用多股软铜线进行可靠接地。电焊机外壳接地时，其接地电阻不得大于4Ω。 （4）焊接工作人员必须穿电焊工作服、使用面罩等劳动保护用品。 （5）焊接施工场地应有防风、防雨措施，周围无易燃、易爆物品，并配有消防器材。 （6）电动开关不可离操作者太远，作业人员离开现场时，必须断开机具电源。 （7）二次屏柜带电后应在柜门上悬挂"当心触电"警示牌，并将带电侧柜门上锁，钥匙由专人保管
4	吊车操作要求	（1）设备吊装时，必须认真执行安全规程中的有关规定，起重臂下、吊件下严禁站人。 （2）吊车进场前，应进行进场报验，经批准后方可进场。同时需要经检验检测机构检验合格，并在特种设备安全监督管理部门登记。 （3）吊车支腿必须支垫可靠，使用过程中必须有专人监护。 （4）设备起吊前，起吊机具与绳索使用前要严格检查，尤其是钢丝绳要防止打结和扭曲现象，起吊时应缓慢平稳，吊物离地面10cm时，应停止起吊，经全面检查确认无问题后，方可继续起吊
5	保护环境的要求	（1）防止废弃物水土污染，培养员工勤俭节约，减少资源浪费的意识，废弃物优先考虑再利用，废弃的金属物不能随地乱扔，统一回收集中处理；建设过程中产生的建筑垃圾及时按照当地要求进行清运处理，施工完毕做到"工完、料尽、场地清"；废化工品按废弃物处理要求，设立回收箱统一回收集中处理。 （2）防止机械噪声造成的噪声污染，合理安排施工顺序和时间，避免噪声大的机具同时使用。同时，加强对吊车维护、保养、维修工作，加强对操作人员的技能培训，作业时尽量减小噪声污染。缩短设备更新周期。 （3）防治机械废气造成的大气污染，加强对使用车辆及机械的维护、保养、维修工作，在机械、车辆装设废气净化器，使废气排放达到国家排放标准

2.2.3.2 常见危险点及控制措施

常见危险点分析及控制措施见表2-2。

表 2-2 常见危险点分析及控制措施

序号	工序	风险因素	控制措施
1	电缆支架及电缆管制作	机械伤害 触电伤害	（1）电动工器具使用前应检查外壳、手柄、保护接地线或接零线、电缆或软线、插头、开关、电气保护装置、机械防护装置完好，转动部分灵活，有检测标识。 （2）弯管机上的液压部分应密封可靠，油路应工作正常，由专人操作，不得用软管拖拉弯管机，作业区域无关人员不得逗留或行走。 （3）拆卸钢管及更换模具时，操作人员应戴手套，以防毛刺伤手
2	电缆敷设	物体打击 有限空间 高处坠落	（1）施工前进行安全、技术交底，工作时要统一指挥，指挥信号要明确，施工过程中有专人监护。 （2）有限空间作业应坚持"先通风、再检测、后作业"的原则，作业前应进行风险辨识，分析有限空间内气体种类并进行评估监测，做好记录。出入口应保持畅通并设置明显的安全警示标志，夜间应设警示红灯。每2h进行一次有毒有害气体检测并填写检测记录。检测人员进行检测时，应当采取相应的安全防护措施，防止中毒窒息等事故发生。 （3）施工前进行安全、技术交底，打开电缆盖板时轻放，不得随意抛摔，打开的空洞应有防护措施，并设置明显的警示标志。 （4）架设电缆盘前检查放线架摆放是否牢固，放线架滚轮是否大致在同一水平面上，架设前检查放线轴是否能够承受电缆盘的重量，架设由专人负责
3	电缆终端制作	机械伤害 火灾隐患	（1）施工前进行安全、技术交底，对新进人员要进行示范，剥电缆所用的专用工具必须由经验丰富的老师傅制作，使用专用工具时要注意不划伤自己和电缆。 （2）使用喷枪、喷灯时，应清除现场及周围的易燃物品，或采取其他有效的防火安全措施，配备足够适用的消防器材

续表

序号	工序	风险因素	控制措施
4	二次电缆接线	高处坠落	高处接线时，要求作业人员必须系好安全带，安全带固定可靠，其长度能起到保护作用，严禁将安全带低挂高用，高处作业平台应牢固可靠

2.2.4 技术措施制定

2.2.4.1 设计交底与班组交底

（1）设计交底：业主组织设计、监理和施工对电气安装和二次接线进行设计交底，熟悉设计图纸及技术资料，交底本工程电缆施工的特点、施工方法和工艺要求。

（2）班组交底：技术负责人参照图纸、工程量清单等信息，熟悉电缆沟结构布置，了解电缆首末端位置确定合适路径，按系统接线图、原理图、盘内图、端子排接线图，核对电缆清册中的电缆编号、规格、芯数，编制施工方案和技术交底，施工前向班组人员作技术交底，同时做好交底记录。

2.2.4.2 二次方案深度策划

运用样板施工法，坚持"细抓实控提品质，示范引领立样板"。施工全过程认真落实"样板施工法"，选定线芯型号、数量多的小电流接地选线屏作为"二次接线样板屏柜"（见图 2-4），安排经验丰富的老师傅制作，落实责任人；并在每块屏柜后柜门的内侧张贴电缆敷设明细表、标明电缆的编号、型号、长度及起始终止地点，明确接线端子。

图 2-4 二次接线样板屏柜

策划二次电缆敷设方案：电缆安装前二次深化电缆敷设方案，做到"一沟一策划"，明确每层支架上电缆的路径和数量，并绘制主控室屏、各屏电缆数量分布图、电缆走向图和转角断面图[见图2-5（a）~图2-5（c）]，保证了列齐美观、走向合理，避免交叉重叠。施工现场目视[见图2-5（d）]，严格按方案施工，保证策划方案与现场一致。

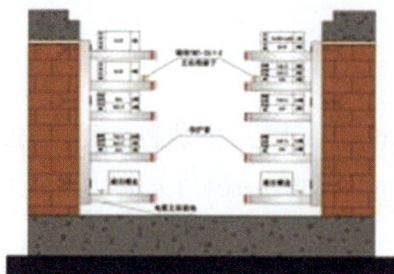

1100×1000
10kV二次电缆敷设示意图
（a）电缆沟断面图

（b）直线走向模拟图

（c）转角走向模拟图

（d）现场目视图

图2-5 电缆沟断面图、直线走向模拟图、转角走向模拟图及现场目视图

2.3 二次电缆展放技术与工艺

2.3.1 电缆支架及电缆管制作

2.3.1.1 制作流程及工艺标准

电缆支架、电缆管制作流程及工艺标准见表2-3，电缆支架至最上层及最下层的距离见表2-4，主接地网施工工艺设计见表2-5。

表 2-3　电缆支架、电缆管制作流程及工艺标准

工作流程	工艺 / 工作要求	标准示例
1. 组织进场验收	（1）电缆支架工厂化加工，切口无卷边、毛刺，热镀锌防腐处理良好。 （2）支架焊接牢固，电缆支架焊接处两侧100mm范围内应做防腐处理。 （3）设备到货后施工项目部通知监理复查其规格型号、镀锌件镀层厚度及外观。 （4）施工前按照电缆支架的使用部位及规格进行分类并清点数量，采用膨胀螺栓固定电缆支架时，要提前核对螺栓数量及规格	
2. 电缆支架定位放样	（1）电缆支架安装前应进行放样，间距一致，一般为0.8~1.0m。 （2）电缆支架在电缆沟内应错位对称安装，以便于电缆敷设人员走动。 （3）在电缆沟十字交叉口、丁字口处宜增加电缆支架，防止电缆落地或过度下垂	
3. 电缆支架固定安装	（1）电缆支架安装牢固，横平竖直，各支架的同层横撑应在同一水平面上，其高低偏差不大于5mm，在有坡度的电缆沟内或建筑物上安装的电缆支架，应保持与电缆沟或建筑物相同的坡度。 （2）电缆支架最上层及最下层至沟顶、沟底或地面的距离应符合设计要求，控制电缆明敷电缆支架层间距120mm	

续表

工作流程	工艺 / 工作要求	标准示例
4. 通长扁钢、接地安装	（1）电缆支架通长接地应采用热镀锌扁钢，连接应采用Z字形搭接，使通长扁钢表面平齐；焊接前应进行校直，焊接应牢固，并做好防腐处理，弯曲处应采用冷弯工艺。 （2）电缆沟内通长扁钢，应安装牢固，全线连接良好，上下水平。 （3）通长扁钢应采用冷弯工艺，保持与沟壁相同转弯弧度或坡度，冷弯工艺应美观。 （4）金属电缆支架全长不应少于两点与主接地网可靠连接，全长大于30m时，应每隔20~30m增设明显接地点	
5. 防腐处理、防护套安装	（1）电缆支架横撑角钢端部防护套安装应牢固、无破损。 （2）接地体的连接应采用焊接，焊接必须牢固、无虚焊，焊接位置两侧100mm范围内及锌层破损处应用钢丝刷清除焊渣并涂刷防腐漆。 （3）采用焊接时搭接长度应满足要求	

表 2-4　电缆支架至最上层及最下层的距离（mm）

敷设方式	电缆隧道及夹层	电缆沟
最上层至沟顶或楼板	300~350	150~200
最下层至沟底或地面	100~150	50~100

表 2-5　主接地网施工工艺设计图

序号	名称	焊接型式	序号	名称	焊接型式
1	扁钢水平搭接		1	对接熔焊	

续表

序号	名称	焊接型式	序号	名称	焊接型式
2	扁钢垂直分支		2	T接熔焊	
3	扁钢十字焊接		3	十字熔焊	
4	扁钢圆钢分接				
5	扁钢圆钢水平搭接		4	十字搭接熔焊	
6	圆钢水平搭接				
7	圆钢分接				

2.3.1.2　工器具及材料配备表

工器具及材料配备表见表2-6。

表 2-6　工器具及材料配备表

序号	名称	规格	单位	数量	备注
1	电钻	—	把	1	
2	激光水平仪	—	把	1	
3	电动扳手	—	把	1	
4	铁锤	—	把	1	
5	电源盘	—	把	1	
6	焊机	—	把	1	
7	折弯机	—	把	1	
8	水平尺	—	把	1	
9	卷尺	—	把	1	

2.3.2　支架上电缆敷设

2.3.2.1　制作流程及工艺标准

制作流程及工艺标准见表2-7。

表 2-7　制作流程及工艺标准

工作流程	工艺／工作要求	标准示例
1. 熟悉图纸和电缆清册	（1）熟悉设计图纸及技术资料，了解本工程电缆施工的特点、施工方法和工艺要求。 （2）根据图纸、工程量清单等信息，按系统接线图、原理图、盘内图、端子排接线图，核对电缆清册中的电缆编号、规格、芯数是否存在缺失、遗漏。 （3）施工现场做好记录，并在屏柜后柜门的内侧张贴电缆敷设明细表	阜阳罗东110kV变电站工程电缆清册
2. 策划电缆路径走向	（1）电缆安装前二次深化电缆敷设方案，明确每层支架上电缆的路径和数量，并绘制主控室屏、各屏电缆数量分布图、电缆走向图和转角断面图，保证列齐美观，走向合理，避免交叉重叠。 （2）高、低压电力电缆，强电、弱电控制电缆应按顺序分层配置，一般情况宜由上而下配置，但在高压电缆引入柜盘时，为满足弯曲半径要求，可由下而上配置	
3. 测量下料、做好标识	（1）电缆敷设前应按设计和实际路径计算每根电缆的长度，合理安排每盘电缆。 （2）现场复测电缆距离，结合现场转角、弯曲及电缆头制作等因素，截取考虑一定的裕度。 （3）敷设前在电缆两端做好标识，明确首末端回路编号，字迹清晰，不易脱色	

续表

工作流程	工艺 / 工作要求	标准示例
4.按型号分类敷设	（1）按电缆敷设明细表分类梳理，先敷设集中的，再敷设分散的，列齐美观，避免交叉重叠。 （2）电力电缆与控制电缆应分层配置，不应配置在同一层支架上。 （3）同一重要回路的工作与备用电缆实行耐火分隔时，应配置在不同侧或不同层的支架上。 （4）机械敷设电缆的速度不宜超过15m/min，电缆应从盘的上端引出，施放过程防止电缆外护层受到磨损；电缆上不得有铠装压扁、电缆绞拧、护层折裂等未消除的机械损伤。 （5）电缆敷设过程中应严格控制牵引力、侧压力和弯曲半径，见表2-8	
5.电缆沟电缆整理固定	（1）电缆应排列整齐，走向合理，不宜交叉，无下垂现象。室外电缆不应外露。 （2）动力电缆与控制电缆之间应设置层间耐火隔板。 （3）电缆绑扎带间距与带头长度统一。垂直敷设或超过30°倾斜的电缆在每个支架上应牢固固定。 （4）水平敷设的电缆，在电缆首末两端及转弯处、电缆接头处应固定牢固，当对电缆间距有要求时，每隔5~10m进行固定	
6.屏柜电缆整理固定	（1）根据接线图把电缆按柜前、柜后、柜左、柜右分类整理，并固定在柜内的花角铁上；当柜内电缆较多时，电缆固定可采用分层方式。电缆编排以从上到下、从内到外为原则，一般电缆芯接在端子排的最上端紧靠在端子排内侧排列为宜，且符合柜内线束走向，并绑扎牢固。	屏柜电缆两侧固定

工作流程	工艺 / 工作要求	标准示例
6.屏柜电缆整理固定	（2）按电缆在端子箱内端子接线序号进行排列，穿入的电缆在端子箱底部留有适当的弧度，从支架穿入端子箱时，在穿入口处应整齐一致。 （3）就位前先将电缆整理好，并用扎带或铁芯扎线将整理好的电缆扎牢，根据电缆在层架上敷设顺序分层将电缆穿入屏柜内，确保电缆就位弧度一致，层次分明	 屏柜电缆固定
7.两端固定、挂牌	（1）控制电缆在普通支架上不宜超过2层；交流三芯电力电缆在普通支架上不宜超过1层。 （2）交流单芯电力电缆应布置在同侧支架上，并应限位，固定夹具或材料不应构成闭合磁路。当按紧贴品字形（三叶形）排列时，除固定位置外，其余应每隔一定距离用电缆夹具绑扎牢固，以免松散。 （3）电缆敷设应及时固定，并在电缆两端装设临时标识牌。 （4）构筑物进口处，电缆敷设时均应逐根设置临时挂牌。 （5）电缆应装设规格统一的标识牌，标识牌的字迹应清晰不易脱落，悬挂应符合《电气装置安装工程 电缆线路施工及验收标准》（GB 50168—2018）的规定	

表 2-8　电缆最小弯曲半径要求

电缆型式		多芯	单芯
控制电缆	非铠装型、屏蔽型软电缆	6D	一
	铠装型、铜屏蔽型	12D	
	其他	10D	
橡皮绝缘电力电缆	无铅包、钢铠护套	10D	
	裸铅包护套	15D	
	钢铠护套	20D	
塑料绝缘电缆	无铠装	15D	20D
	有铠装	12D	15D

2.3.2.2　工器具及材料配备表

工器具及材料配备见表2-9。

表 2-9　工器具及材料配备表

序号	名称	规格	单位	数量	备注
1	电缆剪刀	SH-250	把	1	
2	白包带	一	卷	50	
3	电缆牌打印机	5×350mm	台	1	
4	铁丝扎带	一	把	10	
5	记号笔	一	支	4	
6	尼龙扎带	一	包	20	

2.3.3　控制电缆终端制作及接线

2.3.3.1　制作流程及工艺标准

电缆终端制作流程及工艺标准见表2-10。

表 2-10 电缆终端制作流程及工艺标准

工作流程	工艺 / 工作要求	标准示例
1.检查无遗漏、准备工器具齐全	（1）对照施工图纸、厂家说明书、电缆清册等资料，核对施放好的电缆是否有遗漏或多余，如果有遗漏应及时补放。 （2）工器具配置齐全、合格，工器具都能正常使用、调试合格，所有需要的材料均提前采购领取到位，设专人对工程中所需的材料进行管理，对施工工器具进行维护管理及收发、清理，做好工器具领用台账记录	
2.剥切外护套	（1）确定电缆头位置。控制电缆头必须在盘柜内部，标高一致，排列整齐，不得相互叠压。电缆破割点必须高于盘底的电缆防火封堵层表面，同时又不能离端子排过近而影响芯线的正常走向。一般按距固定点60mm考虑，但距最低接线端子排不宜小于20mm，如二者有矛盾，则应首先满足前者。 （2）电缆破割时，戴棉手套，刀口向外，轻刀用力均匀，先用切割刀围绕电缆破割点的一周进行切割，切割深度为电缆外层（绝缘层），不能伤及内绝缘层和芯线	
3.剥切钢铠	（1）在距离外护套接口10mm处用电缆刀锯或斜口钳在钢铠切出一个深痕，深度为钢铠厚度的1/3，千万不要锯透而伤及内护套。 （2）锯完后，用一字螺丝刀在锯痕尖角处将钢带挑起，用钳子夹住，逆原缠绕方向把钢带撤下。再用同样方法剥去第二层钢带，两层钢带撤下后，用锉刀修饰钢带切口，使其圆滑无毛刺	

续表

工作流程	工艺 / 工作要求	标准示例
4.剥切内护套	（1）沿钢铠防护切口处，轻刀用力均匀，围绕电缆内护套环切一周，深度为内护套厚度的1/2，不能伤及内屏蔽层和芯线。 （2）用螺丝刀将内护套切口挑起，轻轻地把内护套撤下来，切口应修正，使之圆滑无毛刺	
5.剥切屏蔽层	（1）在距离内护套接口10mm处，使用电缆刀力度要适中，屏蔽层剥离时不得损伤电缆芯线、绝缘层。 （2）屏蔽层剥离时，切口应修正，使之圆滑无毛刺	
6.屏蔽接地线安装	（1）采用屏蔽电缆要用4mm^{2}黄绿多股软铜线把屏蔽层引出来，其中钢铠接地应采用单独的接地线引出，不宜和电缆的屏蔽层在同一位置引出。 （2）多股软铜线与屏蔽层的连接采用绞接或焊接的方式（推荐采用绞接方式，焊接方式要控制温度，防止烫伤电缆芯线及绝缘层），但都应确保连接可靠	
7.电缆头包裹	（1）屏蔽层引出后用聚氯乙烯带把电缆头切口进行包裹，包裹以套上热缩管后饱满为宜。 （2）缠绕的聚氯乙烯带颜色统一，缠绕密实、牢固	

工作流程	工艺 / 工作要求	标准示例
8.热缩管安装	（1）热缩管应与电缆的直径配套，热收缩后缠绕密实、牢固。 （2）热缩管电缆头应采用统一长度热缩管加热收缩而成。 （3）热风枪烘烤时要四周均匀加热，让热缩管均匀受热，注意控制温度和与热缩管之间的距离，防止开裂、碳化现象	
9.电缆对线、穿线号码管	（1）热缩管安装后，将绞合在一起的芯线散开，然后用钳子将芯线一根根拉直；拉直芯线时用力不得过猛，以免使机械强度减低，截面变小。 （2）若线芯无识别标志或不清晰时，必须对线。电缆对线时可用万用表或对线器来进行，为了使所对的芯线准确无误，对线后将打印号码管套好，并防止脱落，以防止回路串通而造成失误。 （3）电缆号码管与芯线直径应匹配，长度一致、字体统一、清晰且不易褪色，标识应准确	
10.接地线安装	（1）屏蔽线接至接地铜排时，可以采用单独压接或两根压接的方式，但不宜超过两根。屏蔽线所弯弧度应整齐一致。接地线端部应有号码标识。 （2）一次设备（如变压器、断路器、隔离开关和电流互感器、电压互感器等）直接引出的二次电缆的屏蔽层在端子箱处一点接至接地铜排，在一次设备的接线盒（箱）处不接地。 （3）继电保护屏柜之间、保护屏柜至监控屏柜之间及保护屏柜至开关仓端子箱之间的电缆屏蔽层，应两端接至接地铜排。 （4）电缆铠装层应一点接至接地铜排，其中电缆一端在开关仓就地端子箱的，接地点应设在端子箱处	

续表

工作流程	工艺 / 工作要求	标准示例
11.芯线压接线	（1）电缆芯线沿端子排自上而下顺序接入，芯线90°折弯引接入端子排时，应保证芯线横平竖直、间距一致、整齐美观；芯线S弯接入端子排时，要求弧度自然、一致，芯线保持水平。 （2）导线与电器元件间采用螺栓连接、插接等，均应牢固可靠，接线正确。电缆及电线距离盘、柜、箱内加热装置距离应大于50mm。 （3）屏、柜、箱的导线不应有接头，导线绝缘层、芯线应无损伤。 （4）配线应整齐、清晰、美观，导线绝缘应良好、无损伤。配线截面积应符合要求（电流回路≥2.5mm²，信号电压回路≥1.5mm²）。 （5）每个接线端子的每侧接线宜为1根，不得超过2根。对于插接式端子，不同截面芯线不得接在同一个接线端子上；插入的电缆芯剥线长度适中，铜芯不外露。 （6）对于螺栓连接端子，需将剥除护套的芯线弯圈，弯圈的方向为顺时针，弯圈的大小与螺栓的大小相符，不宜过大，当接两根芯线时，中间应加平垫片。 （7）对于多股软铜芯线，必须压接线鼻子或经过搪锡处理才能接入端子。采用的线鼻子应与芯线的规格、端子的大小和接线方式，以及与接入端子的深度一致。压接线鼻子应使用专用压接工具，应将裸露线芯穿出压接区前端1mm，并不得将绝缘层压住，压接好的线鼻子外不得出现松散的线芯	

续表

工作流程	工艺 / 工作要求	标准示例
12.电缆固定、挂牌	（1）芯线按垂直或水平有规律地配置，排列整齐。接线时为了美观性，每一根线都必须捋直，每根电缆应单独成束绑扎，成排电缆应绑扎紧密，芯线绑扎的扎带头间距统一（15~20cm），成排电缆的扎带应顺序扣接在一起，扎带的接头应转在内侧；采取线槽接线方式的屏柜（箱），每根电缆的芯线也应单独成束引入槽盒。 （2）每条电缆的备用芯要高出端子排最上端位置250~300mm，每根电缆单独垂直布置，备用芯端头宜采用热缩套管封堵处理。 （3）电缆固定完成后，将白布带制作的临时标签更换为电缆挂牌，各个屏、柜、箱的电缆挂牌悬挂位置应一致。电缆挂牌采用挂牌机打印，字迹清晰，挂牌内容包括电缆编号、型号、起点及终点。电缆挂牌应文字准确，固定牢固，排列整齐有序，字体统一、清晰且不易褪色	
13.清扫、防火封堵	（1）接线完毕后，全面清扫干净线头杂物，在电缆进入盘、柜、箱、盒的孔洞处采用防火封堵材料密实封堵，铝合金边框封边，呈几何图形，面层平整。 （2）封堵应严实可靠，不应有明显的裂缝和可见的孔隙，堵体表面平整，孔洞较大者应加耐火衬板后再进行封堵。 （3）有机防火堵料封堵不应有透光、漏风、龟裂、脱落、硬化现象；无机防火堵料封堵不应有粉化、开裂等缺陷。防火包的堆砌应密实牢固，外观应整齐，不应透光。 （4）电缆引入盘、柜时，在封堵孔洞下方电缆表面均匀涂刷防火涂料，长度不小于2m，厚度不小于1mm	

2.3.3.2 工器具及材料配备表

工器具及材料配备见表2-11。

表 2-11 工器具及材料配备表

序号	名称	规格	单位	数量	备注
1	手套	—	双	2	
2	美工刀	—	把	1	含刀片
3	一字螺丝刀	5×350mm	把	1	
4	斜口钳	—	把	1	
5	尖嘴钳	—	把	1	
6	剥线钳	—	把	1	
7	剪刀	—	把	1	
8	PVC填充带	—	卷	60	
9	热缩套管	—	卷	10	
10	热风枪	1800W	把	1	
11	万用表	—	个	1	

2.4 常见问题及控制措施

常见问题及控制措施见表2-12。

表 2-12 常见问题及控制措施

序号	常见问题	注意事项及控制措施
1	屏、柜、箱内电缆整理不齐，层次不清，杂乱无章	（1）施工前制定可行的施工方案及工艺标准，并全员进行技术交底和工艺培训。 （2）施工全过程采用"样板施工法"，选定样板屏柜，首先安排经验丰富的老师傅制作，引领示范。 （3）芯线按垂直或水平有规律地配置，排列整齐。接线时为了美观性，每一根线都必须捋直，每根电缆应单独成束绑扎，成排电缆应绑扎紧密，芯线绑扎的扎带头间距统一（15~20cm），成排电缆的扎带应顺序扣接在一起，扎带的接头应转在内侧；采取线槽接线方式的屏柜（箱），每根电缆的芯线也应单独成束引入槽盒

续表

序号	常见问题	注意事项及控制措施
2	盘、柜内接地线鼻安装不规范	（1）施工前制定可行的施工方案及工艺标准，并全员进行技术交底和工艺培训。 （2）施工全过程采用"样板施工法"，选定样板屏柜，首先安排经验丰富的老师傅制作，引领示范。 （3）采用单独压接或两根压接的方式，但不宜超过两根。接地线所弯弧度应整齐一致。接地线端部应有号码标识
3	电缆头制作高度不一致，制作样式不统一	（1）确定电缆头位置。控制电缆头必须在盘柜内部，标高一致，排列整齐，不得相互叠压。 （2）电缆破割点必须高于盘底的电缆防火封堵层表面，同时又不能离端子排过近而影响芯线的正常走向。一般按距固定点60mm考虑，但距最低接线端子排不宜小于20mm，如二者有矛盾，则应首先满足前者
4	屏蔽线接地及钢铠接地接引制作方法不统一，有的合在一起接地，有的单独接地	（1）采用屏蔽电缆要用4mm²黄绿多股软铜线把屏蔽层引出来，其中钢铠接地应采用单独的接地线引出，不宜和电缆的屏蔽层在同一位置引出。 （2）多股软铜线与屏蔽层的连接采用绞接或焊接的方式（推荐采用绞接方式，焊接方式要控制温度，防止烫伤电缆芯线及绝缘层），但都应确保连接可靠
5	电缆线芯扎头绑扎位置、方向不一致，有的偏上，有的偏下，有的结节朝前，有的结节朝后	芯线按垂直或水平有规律地配置，排列整齐。接线时为了美观性，每一根线都必须捋直，每根电缆应单独成束绑扎，成排电缆应绑扎紧密，芯线绑扎的扎带头间距统一（15~20cm），成排电缆的扎带应顺序扣接在一起，扎带的接头应转在内侧；采取线槽接线方式的屏柜（箱），每根电缆的芯线也应单独成束引入槽盒
6	破割电缆护套及屏蔽层，导致损伤芯线，造成运行中发生直流接地、短路，导致保护不正确动作	（1）沿钢铠防护切口处，轻刀用力均匀，围绕电缆内护套环切一周，深度为内护套厚度的1/2，不能伤及内屏蔽层和芯线。 （2）用螺丝刀将内护套切口挑起，轻轻地把内护套撤下来，切口应修正，使之圆滑无毛刺

续表

序号	常见问题	注意事项及控制措施
7	屏蔽层接地线虚焊、无焊接或采用缠绕方式，造成接触电阻大，导致屏蔽层抵消外来干扰的作用大大减弱	多股软铜线与屏蔽层的连接采用绞接或焊接的方式（推荐采用绞接方式，焊接方式要控制温度，防止烫伤电缆芯线及绝缘层），但都应确保连接可靠
8	二次接线错误，没有按图施工，重新改线后直接影响工艺	（1）技术负责人参照图纸、工程量清单等信息，熟悉电缆沟结构布置，了解电缆首末端位置，确定合适路径，按系统接线图、原理图、盘内图、端子排接线图，核对电缆清册中的电缆编号、规格、芯数，编制施工方案和技术交底，施工前向班组人员进行技术交底，同时做好交底记录。 （2）在每块屏柜后柜门的内侧张贴电缆敷设明细表、标明电缆的编号、型号、长度及起始终止地点，明确接线端子。 （3）电缆敷设时截取电缆就立即挂临时挂牌、回路编号，过程随时检查，接线前在校线合格后再穿号码管

第3章

主变压器安装施工标准化安全管控

3.1 主变压器安装施工流程

主变压器安装施工流程如图3-1所示。

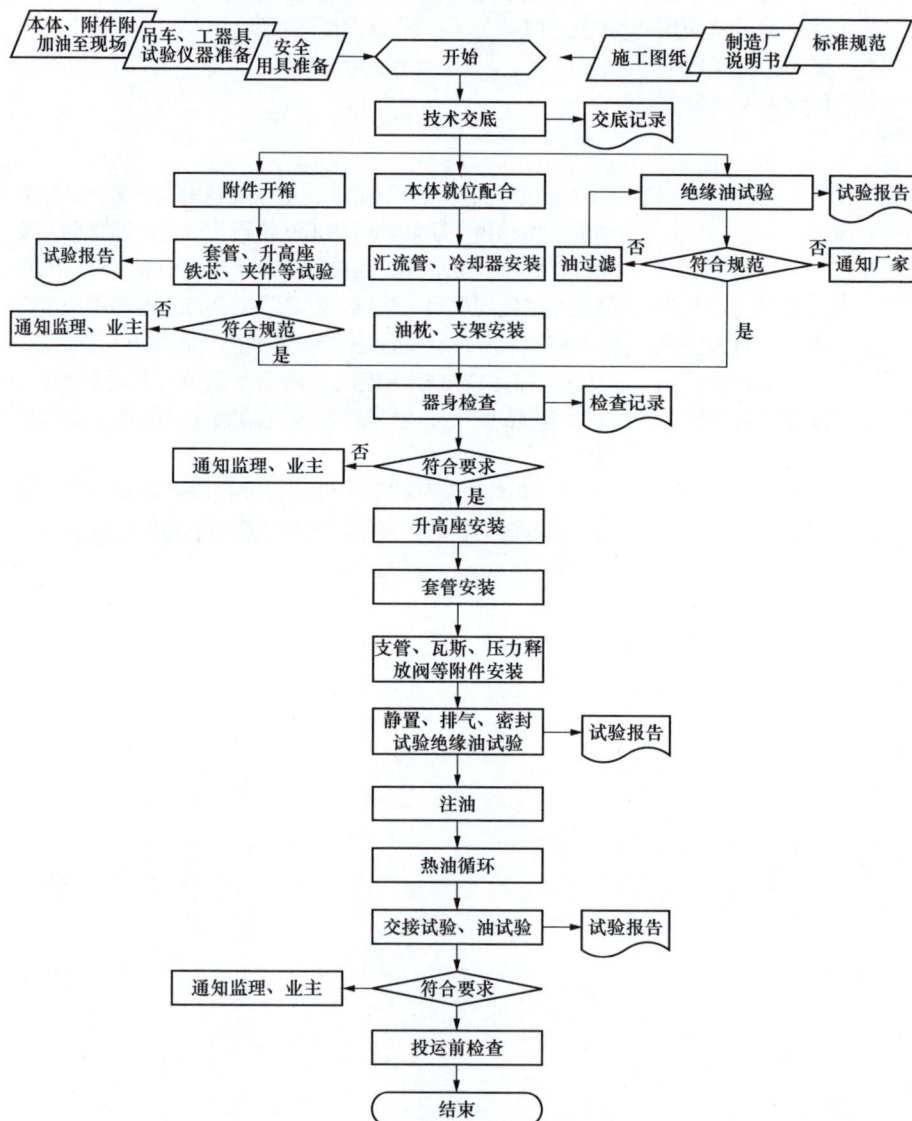

图 3-1 主变压器安装施工流程图

3.2 主变压器安装准备工作

3.2.1 现场勘察测量

以阜阳某某变电站为例。

开工前，施工项目部需提前一个月组织厂家、电气施工队伍、监理等主要人员共同对阜阳某某变电站#1、#2主变安装现场进行勘察。

本工程安装2台三相两绕组有载调压电力变压器，由南京某变压器有限公司生产，型号为SZ11-50000/110，冷却方式为自冷（ONAN）。2台主变由某大件运输有限公司负责就位到主变基础，变电站现场勘察情况见表3-1。

表 3-1 变电站现场勘察情况记录表

图片	说明
	阜阳110kV某某变电站进站大门道路宽6m，满足通行
	阜阳110kV某某变电站主变基础
	现场一级配电箱和电源线已布置完成

续表

图片	说明
	基础预埋件标高、轴线、尺寸满足设计要求，误差在5mm内

3.2.2 组织措施制定

3.2.2.1 组织机构

组织机构如图3-2所示。

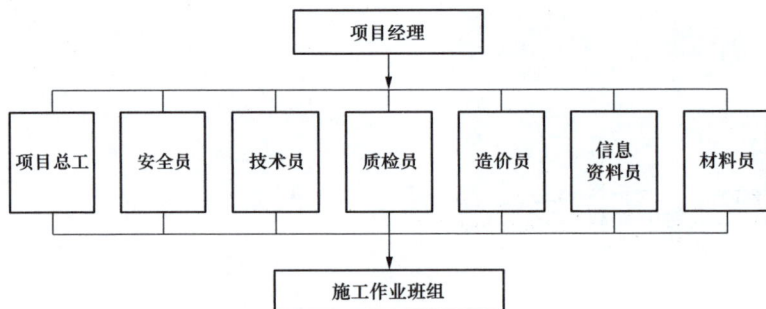

图 3-2 组织机构

3.2.2.2 施工人员职责

3.2.2.2.1 施工项目部人员职责

（1）项目经理：全面负责变压器安装的施工组织和协调工作，并对整个施工过程中的安全、质量、进度、物资和文明施工负责。

（2）技术负责人：负责技术准备和现场技术交底，参与主变及附件到货检查和资料清点，深入现场指导施工，及时发现和解决施工中出现的技术问题。对施工措施执行情况和质量检验工作进行监督和指导，对安装质量在技术上负责。

（3）质检员：熟悉图纸并掌握有关标准规范和程序文件。负责检查、监督施工过程中的质量保证和质量检验工作。

（4）安全员：负责主变安装全过程的安全监督，协助组织施工前的安全检查和安全教育。

（5）材料员：负责施工所需工器具材料的供应。负责安装过程中的工具材料的保管、登记和清点工作，并做好记录。

3.2.2.2.2　施工班组人员职责

（1）施工班组长：负责完成本作业组内的各项工作任务，并负责对本作业组成员的安全监护。配合质检工作，负责施工记录的填写。

（2）作业组成员：负责施工所需工器具材料的准备，按照图纸、规范、厂家资料、措施和安全技术交底等要求，完成组长分配的各项施工任务，及时主动地向作业组长反映安装中发现的安全、质量隐患和技术问题。施工人员应有丰富主变安装工作经历，技术熟练，工作认真负责，在施工前应认真熟悉图纸、施工方案。

（3）特种作业人员：起重指挥、吊车司机、焊接与热切割作业、高处作业、高压电工、电气试验、继电保护等特种作业必须持证上岗。

3.2.2.2.3　作业组工作划分

（1）安装组：负责变压器就位、附件的清点、检查及安装工作。

（2）油务组：负责变压器的油过滤、真空处理、注油、热油循环及密封检查等一切油务工作。

（3）试验组：负责变压器的电气试验，包括套管试验、升高座试验、绝缘油试验、器身绝缘试验、整体交接试验等。

（4）起重组：负责变压器附件吊装中的起重作业，包括冷却器、套管、储油柜（油枕）等。

（5）后勤组：负责整个安装过程中的后勤保障工作。

3.2.2.3　安装单位与主变供货商的分工界面

以安徽某电力工程有限公司某主变压器安装施工项目为例：

安装单位（安徽某电力工程集团有限公司）现场安装，供货商南京某某技术指导。根据产品出厂资料要求，供货商现场安装的部分归入工厂装配范围。供货商与安装单位的工作界面划分见界面分工表（见表3-2）。

3.2.2.3.1　一般原则

（1）安装单位与供货商就各自安装范围内的产品质量和工程质量负责。

（2）供货商负责将变压器及附件完好运抵约定场所，到货交接后由安装单位负责保管，开箱前，安装单位仅对箱体外观完好性负责。

（3）现场安装过程中所需的设备、机具、材料等必须在检定有效期之内，并履行相关报审手续。

（4）安装单位与供货商应通力协作，相互支持。如遇问题无法协调，应及时报告监理单位或业主单位。

3.2.2.3.2　界面划分

表 3-2　界面分工表

序号	项目	内容	责任单位
		一、管理方面	
1	总体管理	施工现场的整体组织和协调，确保现场的整体安全、质量和进度有序	安装单位
		组织对主变压器供货商人员进行安全交底，为其办理进出场的工作证。对分批次到场的供货商人员，要组织进行补充交底	建设管理单位
2	安全管理	根据主变设备合同要求，负责设备出厂运输直至指定位置存放的全过程管理。设备出厂前负责组织运输单位编制运输就位方案，报项目建设管理单位批准后方可起运；运输过程中严格落实设备保护与保管（包括防盗、储运及成品保护措施）要求；按合同要求完成设备本体就位，相关附件运至指定位置妥善保管	供货商
		现场的安全保卫工作，负责现场已接收物资材料的保管工作	安装单位
		现场的安全文明施工，负责安全围栏、警示图牌等设施的布置和维护，负责现场作业环境的清洁卫生工作，做到"工完料尽场地清"	安装单位

续表

序号	项目	内容	责任单位
2	安全管理	主变供货商人员应遵守国家电网公司及现场的各项安全管理规定,在现场工作统一着装并正确使用安全防护用品	供货商
3	人员管理	参与主变安装作业的人员,必须经过专业技术培训合格,具有一定安装经验和较强责任心。安装单位向供货商提供现场人员组织名单,便于联络和沟通	安装单位
		必须安排熟悉设备制造工艺结构,具有丰富安装经验的技术人员指导、参加现场安装。现场服务人员入场时,应向安装单位提供人员名单及联系方式,便于联络和管理	供货商
4	技术管理	根据供货商提供的主变安装说明书,编写主变安装施工方案,将供货商现场安装人员纳入现场施工组织机构,并完成相关报审手续	安装单位
		应执行国家、行业相关技术标准及国家电网公司对设备质量控制的有关要求,并结合产品特点,在现场明确具体的技术、质量控制标准,并对安装人员进行交底;对安装人员提出的技术疑问,应及时予以解答。有特殊要求时,供货商应提前与建设管理单位协商确定	供货商
		安装过程中严格执行已批准的施工技术方案,相关技术数据须符合标准规范要求	安装单位
		现场服务人员指导现场安装,并参与部分关键部件安装;复核相关技术数据并在质量管控记录中签名确认	供货商
		安装过程中如发现设备零部件、附件等存在不符合相关技术标准或管控要求,并可能影响安装质量的,安装单位应及时告知供货商,供货商负责协商解决	供货商
5	进度管理	在供货商协助下编制工程的主变安装进度计划,报监理单位审核、建设单位批准后实施	安装单位
		为满足安装工艺的连续性要求,供货商提出加班时,安装单位应全力配合。加班所产生的费用各自承担	安装单位供货商

续表

序号	项目	内容	责任单位
6	物资管理	提供保管场地，负责保管安装有关的材料、图纸、工器具、备件及专用工具	安装单位
		提供规格标准、性能良好的施工器具、安全防护用具、起重机具，并对其安全性负责	安装单位
		提供符合要求的相关安装资料、常用工器具等	安装单位
		提供符合要求的专用工具及材料	供货商
7	环境管理	安装区域的除尘、保洁工作，确保安装环境的清洁	安装单位
		协调并提供充足和稳定的电源，避免主变在安装过程中异常断电	安装单位
		对安装前的环境进行动态确认	供货商
8	备品资料管理	根据合同要求向安装单位移交相关产品技术文件（含电子版）、备品备件、专用工具、仪器设备等，并在监理的见证下，填写移交记录	供货商
二、安装方面			
1	基础复测	设备就位前，监理组织、安装单位参与，检查混凝土基础是否达到设计强度；安装单位负责检查基础表面清洁程度，负责检查基础的预埋件及预留孔洞等是否符合设计及供货商要求	监理单位安装单位
		检查与设备安装有关的基础标高、基准、尺寸、轴线、空间位置等	安装单位
2	定位划线	提供安装和就位所需要的基础中心线，供货商对主要基础参数和指标进行复核	安装单位
3	设备就位	将本体就位，并校正本体轴线尺寸	供货商
4	冲撞仪检查	主变本体就位后，由供货商（运输单位）、设备运维管理单位、建设管理单位、监理单位、物资及安装单位共同检查主变运输冲击记录	供货商安装单位

续表

序号	项目	内容	责任单位
5	设备固定	主变、汇控柜、设备附件、支架等与基础之间的固定工作，包括埋件焊接、地脚螺栓等固定方式（本工程为埋件焊接）	安装单位
6	设备开箱	施工项目部向监理项目部提出开箱申请，由监理组织到货验收和开箱检查，业主、物资、施工、供货商派员参加	安装单位
7	附件送检	将主变的气体继电器、温控计、压力释放阀及厂家资料在主变本体进场前10~15工作日发至工程现场	供货商
		联系运维单位，将备用绝缘油发到运维单位指定地点	供货商
		主变的气体继电器、温控计、压力释放阀、绝缘油及厂家资料到场后，安装单位应及时安排送检并取得试验报告。如有问题须与供货商联系	安装单位
8	起重作业	指定吊装位置并标明重量、尺寸等相关参数	安装单位
		按经批准的施工方案开展起重吊装作业	
9	汇流管、支撑件、散热片、连管安装	各附件安装前，供货商现场服务人员进行检查，合格后准予安装	供货商
		安装单位配合进行所有对接法兰面清洁剂密封工作，供货商现场服务人员确认	供货商
		安装单位配合进行各类型密封圈清洁、安装和密封脂涂抹，供货商现场服务人员确认	供货商
		法兰对接面的螺栓紧固，并达到供货商技术要求	安装单位
10	储油柜安装	安装前，供货商现场服务人员检查储油柜内外部装置整体良好，准予安装，安装单位按要求安装到位	供货商安装单位
11	器身检查	主变本体器身检查	供货商

续表

序号	项目	内容	责任单位
12	升高座及套管安装	法兰对接面的螺栓紧固，并达到供货商技术要求	安装单位
		各升高座、套管的安装前检查、清洁、紧固工作，安装单位配合	供货商
		安装单位配合进行对接法兰面和密封件的清洁、密封及安装工作，供货商确认	供货商
		导电部位连接	安装单位
		现场电气试验，供货商指导	安装单位
13	真空注油	抽真空、注油及热油循环工作	安装单位
		密封性试验	安装单位
14	呼吸器	呼吸器安装	安装单位
15	设备接地	主变的所有接地施工	安装单位
		法兰跨接等设备自身之间的接地材料供货	供货商
16	屏柜安装及二次接线	主变压器就地汇控柜、控制柜的吊装就位	安装单位
		主变压器至外部设备之间电缆敷设、接线	安装单位
		列入电缆清册的厂家电缆的敷设，厂家负责二次接线	供货商安装单位
		施工招标工程量清单计列的电缆敷设及二次接线	安装单位
17	试验调试	设备所有交接试验，并实时准确记录试验结果，比对出厂数据，及时整理试验报告	安装单位
		设备自身之间的电气回路的正确性	供货商
18	问题整改	在安装、调试过程中，处理不符合合同要求的产品自身质量缺陷	供货商
		在安装调试过程中，处理因施工造成的不符合合同要求的质量缺陷	安装单位
19	质量验收	在竣工验收时，牵头质量消缺工作，供货商配合	安装单位
		验收过程中发现的缺陷，由供货商产品本身原因造成的，由供货商负责整改闭环	供货商

3.2.3 安全措施制定

3.2.3.1 基本要求

满足基本要求的安全措施见表3-1。

表 3-3 基本要求安全措施

序号	基本要求	安全措施
1	施工队伍的要求	分包队伍应根据工作性质,检查其营业执照、承装(修、试)电力设施许可证、建筑企业资质证、安全生产许可证、施工劳务资质证等资信真实、有效
2	人员准入要求	(1)特种作业人员经过专业技术培训及专业考试合格,持证上岗。 (2)进入施工现场的所有施工人员必须经过安全教育、培训,并经进场安全考试合格及接受安全技术交底后,方能进入现场进行施工;特种作业人员必须经过专业技术培训及专业考试合格,持证上岗
3	防触电要求	(1)进入施工现场,施工人员必须正确佩戴安全帽及正确使用安全用品,衣装整齐,严禁穿拖鞋、凉鞋及高跟鞋,严禁酒后进入施工现场,施工现场禁止吸烟。 (2)电焊机、电源盘柜、电动工具外壳必须用多股软铜线进行可靠接地。 (3)焊接工作人员必须穿电焊工作服、使用面罩等劳动保护用品。 (4)焊接施工场地应有防风、防雨措施,周围无易燃、易爆物品,并配有消防器材。 (5)电焊机一次线开关离操作者不大于5m,周围应留安全通道,作业人员离开现场时,必须断开机具电源。 (6)施工用电应严格遵守安规,实现三级配电二级保护,一机一闸一保护。总配电箱及区域配电箱的保护零线应重复接地,且接地电阻不大于10Ω。 (7)二次屏柜带电后应在柜门上悬挂"当心触电"警示牌,并将带电侧柜门上锁,钥匙由专人保管

续表

序号	基本要求	安全措施
4	主变就位要求	（1）作业前必须向所有参加作业人员进行安全技术交底，未参加交底人员严禁参与作业；要求参加作业人员熟悉各环节工作程序和规定，对各环节技术措施做到心中有数。 （2）指挥人员应清楚了解和掌握作业当天的天气环境状况，并向现场作业班组交代相关情况，明确工作要求和注意事项。 （3）作业前必须全面检查所配备的各种工器具，认真检查平板车的各受力转向部分，以确保车辆及工器具的安全使用。 （4）起重作业人员进行抬、撬、翻转、搬移道木、钢轨等重物时，要精力集中，动作要协调一致，防止因重物积压、碰砸而受到伤害。 （5）在顶升设备时，应分段交替顶升，不允许同时顶升设备的两端，防止变压器在顶升过程中失稳。 （6）操作液压泵站人员应密切注意油压表指数，发现异常应及时停止，查明原因、排除故障后方可继续作业
5	吊车操作要求	（1）设备吊装时，必须认真执行操作规程和吊装方案。 （2）吊车进场前，应进行进场报验，经批准后方可进场。 （3）吊车支腿支垫可靠。 （4）吊装过程中需有专人指挥。 （5）设备起吊前，起吊机具与绳索使用前要严格检查，尤其是钢丝绳要防止打结和扭曲现象，起吊时应缓慢平稳。 （6）吊车吊装物体时，确保被吊物绑扎牢固，移动过程做好与邻近主变及人员的距离管控，防止碰坏主变相关附件及人员
6	高空作业要求	（1）登高作业人员应配带工具袋，工具袋应扣好，防止工具从袋中滑出高处坠落；较大的工具应系保险绳；传递物品应用传递绳，严禁抛掷；高处作业下方严禁与高处作业无关的人员通行、逗留。 （2）使用人字梯或单梯应专人扶持并固定牢固，防止人员从上端坠落。 （3）安全带应检验合格，使用时采用高挂低用的方式挂在结实牢固的构件上，严禁挂在绝缘子等不牢固的物件上。 （4）在高处作业过程中，作业人员应随时检查安全带是否拴牢，转移作业位置时不得失去安全保护

序号	基本要求	安全措施
7	动火作业要求	（1）现场动火作业应严格执行动火工作票，工作前应落实专人监护和作业中的防火措施。 （2）消防监护人、工作负责人应加强施工过程和工作间断期间防火安全检查，防止遗留火种引发火灾事故
8	试验作业要求	（1）试验现场应装设临时围栏，向外悬挂"止步，高压危险！"的标示牌。围栏与试验设备高压部分应有足够的安全距离，并派人看守。 （2）试验装置、仪器金属外壳应可靠接地；接地线应符合要求，严禁使用铁丝或缠绕方式接地。 （3）经试验负责人检查满足现场要求时方可进行工作。 （4）试验负责人应对加压过程中的工作人员全方位监护，并防止非试验工作人员靠近或进入围栏。加压过程中严格执行呼唱制度。 （5）耐压试验过程中应在试验区域围栏周围设置声光警示装置，加强安全监护，防止非试验人员误入。变更接线时，应确保试验电源断开，充分放电后将升压设备的高压部分短路接地，试验结束后应恢复原有安全措施
9	保护环境的要求	（1）防止废弃物水土污染，培养员工勤俭节约、减少资源浪费的意识，废弃物优先考虑再利用，废弃的金属物、变压器油等统一回收集中处理；建设过程中产生的建筑垃圾及时按照当地要求进行清运处理，施工完毕做到"工完、料尽、场地清"。 （2）防止机械噪声造成的噪声污染，合理安排施工顺序和时间，避免噪声大的机具同时使用。同时，加强对吊车维护、保养、维修工作，加强对操作人员的技能培训，作业时尽量减少噪声的污染。缩短设备更新周期。 （3）防止机械废气造成的大气污染，加强对使用车辆及机械的维护、保养、维修工作，在机械、车辆装设废气净化器，使废气排放达到国家排放标准

3.2.3.2　常见危险点及控制措施

常见危险点及控制措施见表3-4。

表 3-4　常见危险点及控制措施

序号	工序	风险因素	控制措施
1	变压器进场就位	机械伤害	（1）进场前必须报送专项就位方案及人员资质证书。 （2）变压器就位前，作业人员应将作业现场所有孔洞用铁板或强度满足要求的木板盖严，避免人员摔伤。设备、机械搬运时，应防止挤手压脚。 （3）所有绳扣、滑轮、牵引设备等工器具应经试验合格，且试验标签完好。 （4）在用液压千斤顶把主变设备主体顶送至户内通道口的过程中，必须设专人指挥，其他作业人员不得随意指挥液压机操作。 （5）主变刚从车上顶至滑轨上时，应停止顶动，检查滑轨、垫木等是否平稳牢靠，确认无误后方可继续顶动。 （6）本体顶升位置必须符合产品说明书。千斤顶放置位置牢固可靠。 （7）顶推过程中任何人不得在变压器前进范围内停留或走动。 （8）液压机操作人员应精神集中，要根据指挥人员的信号或手势进行开动或停止，加压时应平稳匀速。 （9）各千斤顶应均匀顶升，确保变压器本体支撑板受力均匀。 （10）变压器顶升时，检查垫木是否平稳牢靠，确认无误后方可继续顶升。 （11）千斤顶顶升和下降过程中变压器本体与基础间必须采取垫层保护。 （12）各千斤顶应均匀缓慢下降，确保变压器本体就位平稳。 （13）主变就位拆垫块时，作业人员应相互照应，特别是服从指挥人员口令，防止主变压伤人
2	变压器安装	机械伤害 高处坠落	一、共性控制措施 （1）做好身顶部作业的防坠落措施，高处作业人员应系安全带、穿防滑鞋，工具等用布带系好。必须通过变压器自带爬梯上下作业。 （2）在油箱顶部作业时，四周临边处应设置水平安全绳或固定式安全围栏（油箱顶部有固定接口时）。

续表

序号	工序	风险因素	控制措施
2	变压器安装	机械伤害 高处坠落	（3）变压器顶部的油污及时清理干净，应避免残油滴落到油箱顶部。 （4）附件吊装时，吊车指挥人员宜站在变压器顶部进行指挥。 （5）应按厂家要求，在吊件指定位置绑、挂吊带。起吊时，吊件两端系上调整绳以控制方向，缓慢起吊。 （6）吊件吊离地面时，先用"微动"信号指挥，待吊件离开地面约100mm时停止起吊，检查无异常后，再指挥用正常速度起吊。在吊件降落就位时，再使用"微动"信号指挥。 （7）吊件及吊臂活动范围下方严禁站人。在吊件到达就位点且稳定后，作业人员方可进入作业区域。 （8）高处作业采用高空作业车，作业人员禁止攀爬绝缘子作业。 （9）变压器顶部管道、电缆较多时，应集中精神，防止绊倒。 　二、附件安装 （1）升高座在装卸、搬运的吊装过程中，必须确保包装箱完好且坚固、必须在起重机械受力后方可拆除运输安全措施、必须采取防倾覆的措施（如设置拦腰绳）。 （2）有载调压安装时，应有防止螺栓、螺母掉入有载调压装置内的措施。 　三、套管安装 （1）宜使用厂家专用吊具进行吊装。采用吊车小钩（或链条葫芦）调整套管安装角度时，应防止小钩（或链条葫芦）与套管碰撞，伤及瓷裙。 （2）在套管法兰螺栓未完全紧固前，起重机械必须保持受力状态。 （3）高处摘除套管吊具或吊带时，必须使用高空作业车。严禁攀爬套管或使用起重机械吊钩吊人。 （4）当套管试验采用专用支架竖立时，必须确保专用支架的结构强度，并与地面可靠固定。 （5）套管安装时使用定位销缓慢插入，防止瓷件碰撞法兰。

续表

序号	工序	风险因素	控制措施
2	变压器安装	机械伤害 高处坠落	（6）套管吊装时，为防止手扳葫芦断裂，在吊点两端加一根软吊带作为保护。 四、油雾处理、抽真空、注油及热油循环 （1）储油罐可露天放置，但要检查阀门、人孔盖等密封良好，并用塑料布包扎。滤油场地附近应无易燃易爆物，并设置安全防护围栏、安全标志牌和消防器材。 （2）变压器、滤油机、油罐周边 10m 内严禁烟火，不得有动火作业。 （3）滤油机设置专用电源，外壳接地电阻不得大于 4Ω。 （4）滤油机、油管路系统、储油罐必须保护接地或保护接零牢固可靠。金属油管路设多点接地。 （5）滤油机、真空泵等专用设备的操作负责人应经过施工单位、相关机构或设备供货商的专门培训。 （6）滤油机应设专人操作和维护，严格按厂家提供的操作步骤进行。油罐与油管的连接处及油管与其他设备之间的各个连接处必须绑扎牢固，严防发生跑油事故。 （7）抽真空及真空注油过程应专人负责。抽真空设备应有电磁式逆止阀，防止液压油倒灌进入变压器本体。 （8）在注油过程中，变压器本体应可靠接地，防止产生静电。 （9）注油和补油时，作业人员应打开变压器各处放气塞放气，气塞出油后应及时关闭，并确认通往油枕管路阀门已经开启。 （10）充氮变压器注油时，任何人严禁在排气孔处停留
3	接地焊接	火灾	（1）在防火重点部位或场所以及禁止明火区动火作业，应严格执行《电力设备典型消防规程》（DL 5027）的有关规定，填用动火工作票。 （2）动火作业前应清除动火现场及周围的易燃物品，或采取其他有效的防火安全措施，配备足够适用的消防器材。 （3）动火作业现场的通排风应良好，以保证泄漏的气体能顺畅排走。 （4）动火作业间断或终结后，应清理现场，确认无残留火种后，方可离开

序号	工序	风险因素	控制措施
4	一次电气设备交接试验	触电 物体打击 高处坠落 其他伤害	（1）一次设备试验工作不得少于2人；试验作业前，必须规范设置安全隔离区域，向外悬挂"止步，高压危险！"的警示牌。设专人监护，严禁非作业人员进入。设备试验时，应将所要试验的设备与其他相邻设备做好物理隔离措施，避免试验带电回路串至其他设备上，导致人身事故。 （2）进入施工现场应使用安全防护用具，正确佩戴安全帽，高处作业时系好安全带，使用有防滑的梯子，并做好安全监护。 （3）调试过程中试验电源应从试验电源屏或检修电源箱取得，严禁使用绝缘破损的电源线，用电设备与电源点距离超过3m的，必须使用带漏电保护器的移动式电源盘；试验设备和被试设备应可靠接地，设备通电过程中，试验人员不得中途离开。工作结束后应及时将试验电源断开。 （4）高压试验时试验设备及一次设备末端应有可靠接地；试验结束，要对容性被试设备进行充分放电后，方可拆除试验接线。 （5）试验前，被试设备应接地可靠。试验结束后，临时拆除的一次接线（或接入的二次线）应及时恢复，并确保接触可靠，防止遗漏导致电网事故。 （6）进入地下施工现场调试时，还应满足地下变作业的相关安全措施。

3.2.4 技术措施制定

3.2.4.1 施工前需满足的条件

（1）基础、预埋件标高、轴线、尺寸应符合设计文件要求。

（2）安装场地的作业空间应满足设备搬运及吊装需求。

（3）主变本体到货，冲击记录符合产品技术文件和订货合同要求。当无规定时，冲击加速度值应不大于3g。

（4）主变就位完成，就位位置符合设计文件要求，由设备运维单位、供货商、建设管理单位、监理单位及安装单位共同检查主变运输冲击记录和就位情况，经验收合格。

（5）变压器附件及变压器油到货，压力释放阀、气体继电器、温控装置校验合格，变压器油出厂试验记录齐全，符合规范及合同要求，取样试验结果满足规范及合同要求。

（6）所有的附件、备品备件和出厂试验报告、说明书应齐全，附件无锈蚀及机械损伤，密封应良好。

（7）油箱盖、法兰面及封板的连接螺栓应齐全，紧固良好，无渗漏。充气运输的设备及附件应密封无渗漏并装有监视压力表（压力值应为0.01~0.03MPa）。

（8）冷却装置运输与保管过程中应按要求充气，其连接管道应无锈蚀、积水或杂物。

（9）管路中的阀门应操作灵活，开闭位置正确，阀门及法兰连接处应密封良好。

（10）储油柜的外表应无凹坑、无磕伤痕迹。

（11）套管油位指示正常，无渗漏，瓷件表面无损伤。套管外部及导管内壁、法兰颈部及均压罩内壁应清洗干净。导管下端伸出不可太长，内沿应磨光滑。

（12）变压器本体外壳、铁芯、夹件应可靠接地。

（13）场地四周应清洁并有防尘措施，现场区域划分合理，隔离、警示措施齐全有效。

（14）凡雨、雪天，风力达4级及以上，相对湿度75%以上的天气，不得进行套管、附件安装。

（15）安装区域内无影响变压器安装的交叉作业。

3.2.4.2 施工准备

3.2.4.2.1 现场布置

本着合理节约空间、安全文明使用场地原则，对使用的油罐、滤油机、电源箱进行合理摆放（见图3-3），以有利于施工现场管理及符合安全文明施工要求。附件定点堆放、整齐规范，放置时应平稳，应有防倾倒措施，对于有防雨、防尘要求的设备还要有防雨、防尘措施。

3.2.4.2.2 施工电源准备

电源线采用三相五线制，电源箱采用三级配电专用箱（见图3-4），一机一闸一保护，能满足真空处理、油处理及主变试验等项目的用电需要。

图 3-3 滤油机、油罐现场布置

图 3-4 三级配电箱

3.2.4.2.3 起重工器具选用

本次起重作业主要为主变升高座、套管、冷却器及储油柜的安装，吊车可以位于主变前主马路上；根据厂家提供的单件设备重量及现场实际情况，计算吊装重量，结合起重机特性，满足起重安全要求。根据厂家提供参考数据，主变附件最重单体为储油柜7000kg。最大起吊高度：$H=h_1+h_2+h_3+h_4=2+7+0.3+0.2=9.5$（m），其中：$H$—起重机吊臂顶端滑轮高度；$h_1$—设备高度；$h_2$—索具高度；$h_3$—设备吊到位后设备底部高出地脚螺栓顶部的高度；$h_4$—基础和地脚螺栓高。

现场勘察，根据被吊设备或构件的就位位置、现场具体情况等确定起重机的站车位置，其最大作业半径：$R=10m$；

根据被吊物的就位高度9.5m，由特性曲线确定其臂长14.85m；

根据幅度、臂长，由起重性能表或起重特性曲线（见图3-5），确定额定起重量。

吊装验算如下：

吊机的选用：吊机选用25t汽车起重机

STC250C5-8 汽车起重机

05 | 起重性能表
TJ 副臂

	42.5m+8m			
	0	15	30	
78	2800	2500	1900	78
75	2800	2400	1750	75
72	2700	2200	1700	72
70	2600	2000	1600	70
65	2000	1700	1350	65
60	1550	1450	1000	60
55	1000	900	700	55
50	650	550	400	50

*备注：
1.起重性能表中给定数值是在平整坚固的地面上，整机调平状态下起重机的额定起重量。
2.起重性能表中工作幅度是指吊载后的实际幅度。
3.起重性能表中的稳定性决定的额定载荷数值的确定遵循ISO4305。
4.起重性能表中额定起重量包括起重钩和吊具的重量。
5.打好好第五支腿时，表中数值是用于全方位（360°）作业。
6.使用臂尖滑轮时额定起重量不超过4500kg，若副起重臂处于展开状态，主臂起吊的额定起重量应减少500kg。
7.如果实际臂长和幅度介于两个数值之间的，取较长的臂长及较大的幅度所决定的额定起重量进行起吊作业。

图 3-5　25t 吊车起重性能表或起重特性曲线

最大作业半径：$R=10m$，额定起重量：$G=9.8t$

吊装载荷：$Q_1=7.0t$

不均匀系数：$K_1=1.1$

动载系数：$K_2=1.05$

计算载荷：$Q_2=Q_1 \times K_1 \times K_2 = 7 \times 1.1 \times 1.05 = 8.08$（t）

吊钩重：$q_1=0.25t$，吊索具重：$q_2=0.2t$

吊装载荷：$Q=Q_2+q_1+q_2=8.08+0.25+0.2=8.53$（t）

结论：9.8t>8.53t

安全距离：吊车选择要考虑现场附近带电设备、线路的情况，安全距离是否满足安规要求。本次站外带电设备为站外柱上变相距50m满足要求，故25t吊车选择合格。作业人员或机械器具与带电线路及其他带电体风险控制值见表3-5。

表 3-5　作业人员或机械器具与带电线路及其他带电体风险控制值

电压等级（kV）	控制值（m）	电压等级（kV）	控制值（m）
< 10	4.0	±50 及以下	6.5
20~35	5.5	±400	12.6
66~110	6.5	±500	13.0
220	8.0	±660	15.5
330	9.0	±800	17.0
500	11.0	±1100	24.0
750	14.5		
1000	17.0		

流动式起重机、混凝土泵车、挖掘机等施工机械作业，应考虑施工机械回转半径对安全距离的影响。

注：±400kV 数据是按海拔 3000m 校正的。

　　吊车进场前要进行安全检查签证（见图 3-6），对吊车进行进场检查；严格按照吊车行进路线进站（见图 3-7），由吊车指挥人员带领从临时大门进站后沿站内主干道直行 35m 后向北到达指定位置，以不高于 5km/h 的时速在站内行驶。

图 3-6　25t 吊车进场安全检查签证

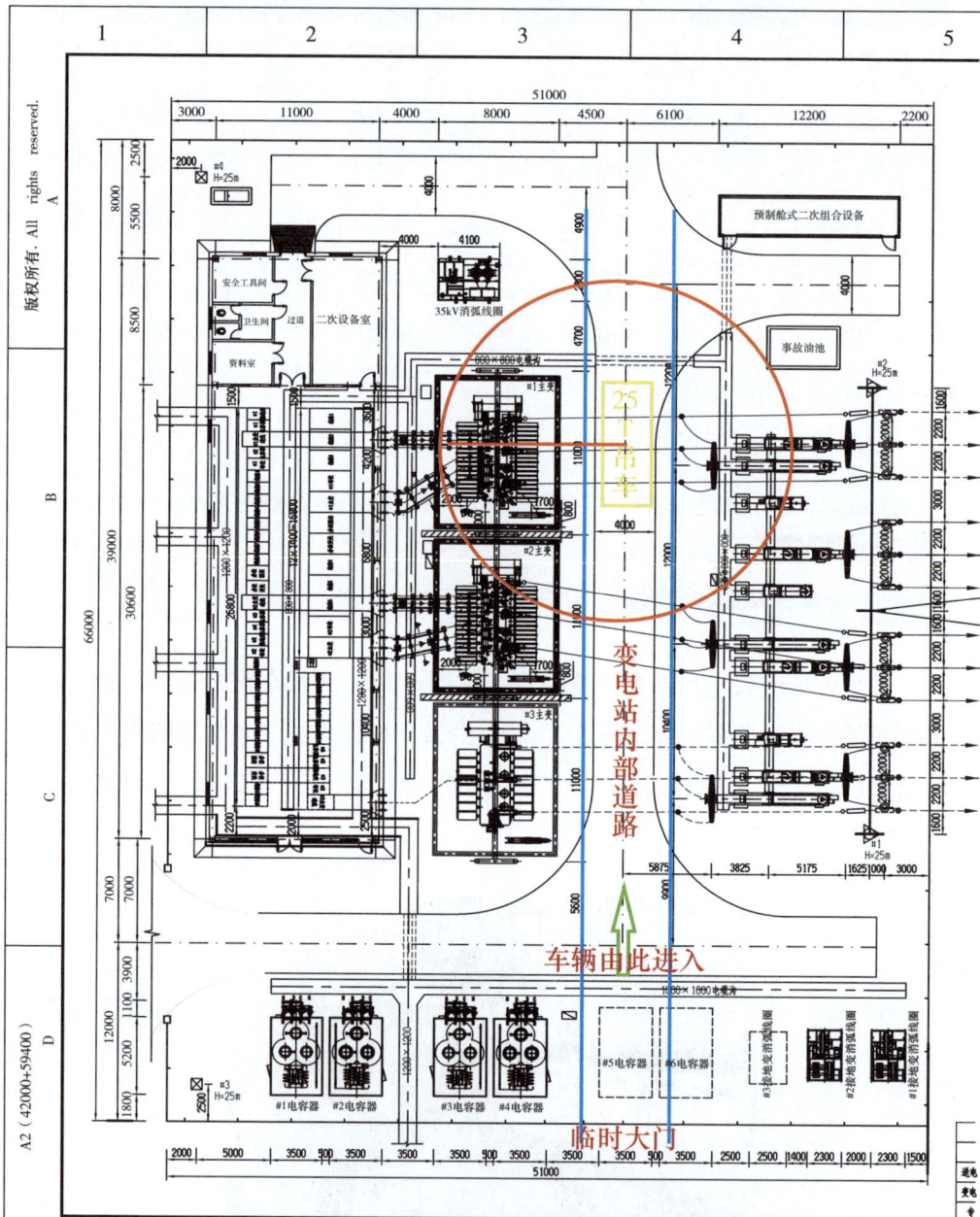

图 3-7　吊车进出、座位及工作范围示意图（黄色方框为吊车位置）

3.2.5　技术交底

技术交底按照以下内容实施：

（1）组织管理人员、技术人员、施工人员、厂家人员到位并熟悉现场及设备情况。

（2）作业人员需接受技术交底及培训（见图3-8）。

（3）作业人员清楚现场作业风险点及控制措施。

图 3-8　项目部技术交底与班组技术交底

3.3　主变压器安装施工技术与工艺

3.3.1　施工方案综述

电力变压器是变电站的核心设备，安装质量关系到变电站的安全运行，必须运用专门的安装工艺、专业的装置、运输设备和仪器仪表。在进行变压器安装时，应该根据变压器的结构特点进行安装确定。变压器就位后，重点检查变压器三维冲击记录仪数据，确保符合要求，并对变压器外观检查，以保障设备完好性。通过对环境的控制、绝缘油的全过程管理、抽真空指标控制、油箱内部异物控制、防尘控制，以保障变压器的绝缘良好。对密封性能进行检查，安装过程中应注重对密封垫、密封面的检查和安装控制，注重对设备部件和整体的密封检查试验，杜绝设备安装后渗油情况的出现。

变压器安装工作包括基础设备验收、本体就位、附件组装、注油及热油循环、试验等过程，必须按一定流程进行。因此，变压器安装前，须根据出厂技术文件及现场实际情况编制安装施工方案，并按照出厂技术文件及规范要求准备安装场地、仪表、工器具及材料。

3.3.2　工器具及材料配备表

3.3.2.1　主变就位工器具及材料配备表

主变就位工器具及材料配备见表3-6。

表 3-6　主变就位工器具及材料配备表

序号	名称	规格型号	数量	用途
1	电动液压千斤顶	QF100-1	5台	顶升变压器
2	高压泵站	BE70-26	3台	与千斤顶配套
3	液压顶升器	TYJ16-60	2套	顶推变压器移位
4	液压动力机组	9LD561-2	2台	装卸设备
5	撑顶器	QYCD120-1500、300kN	3台	装卸设备
6	钢轨	（P50）70kg/m×6.2m	8根	滑移变压器
7	滑板	4m	2块	滑移变压器
8	手扳葫芦	5t	4只	捆绑变压器
9	钢丝绳	φ21mm×5m	6根	捆绑变压器
10	钢丝绳	φ21mm×8m	4根	备用
11	钢丝绳头	φ17.5mm×4m	4根	备用
12	钢丝绳头轧头	Y-22	12只	固定绳头备用
13	卸扣	10t	12只	连接
14	红柳桉道木	220mm×160mm×2200mm	若干	顶高垫木
15	红柳桉道木	220mm×160mm×4000mm	若干	顶高垫木
16	红柳桉道木头	220mm×160mm×400mm	若干	顶高垫木
17	杂木板	各种规格	若干	顶高垫木
18	对讲机	多频道	8只	作业通信

续表

序号	名称	规格型号	数量	用途
19	接线板	20m	1套	作业现场用电
20	橡皮垫	3400mm×600mm×200mm	4块	垫主变
21	钢板	900mm×900mm×20mm	12块	垫主变
22	钢板	7000mm×1800mm×20mm	12块	加固、铺地、铺垫
23	小滚杆	ϕ50mm×500mm	12根	调整移动方向
24	吊环型滑轮	H50×5D	2套	设备就位

3.3.2.2 主变附件、套管安装工器具及材料配备表

主变附件、套管安装工器具及材料配备见表3-7。

表 3-7 主变附件、套管安装工器具及材料配备表

序号	名称	单位	数量	备注
1	吊车	台	1	
2	真空滤油机	台	1	4000L/h
3	电子真空计	只	1	
4	附加油箱	只	1	带呼吸器
5	电焊工具	套	1	
6	干湿温度计	只	2	
7	套筒扳手	套	1	
8	梅花扳手	套	3	
9	锤子	只	2	
10	开口扳手	套	2	
11	活动扳手	套	2	
12	螺丝刀	把	6	
13	剪刀	把	1	
14	锉刀	把	2	
15	什锦锉	套	1	
16	清洁材料		适量	白布、无水酒精

序号	名称	单位	数量	备注
17	绝缘包扎材料		适量	白纱带、皱纹纸
18	白棕绳	根	4	粗、细各两根
19	塑料布	m	20	
20	钢丝绳	根	14	
21	尼龙吊带	根	2	
22	灭火器	瓶	6	
23	卸扣	个	4	
24	组合立弯机	台	1	
25	ϕ355mm 型材切割机	台	1	
26	电磁钻	把	1	

3.3.3　安装流程及工艺标准

3.3.3.1　主变本体就位

主变本体就位流程及工艺标准见表3–8。

表 3–8　主变本体就位流程及工艺标准

工作流程	工艺 / 工作要求	标准示例
1.卸车就位	运输车辆进入现场道路，运输车辆车板中心和道路中心对齐行驶至基础附近。车辆装载时变压器高低压侧套管方向，应和就位安装方向一致，当不一致时，就位前应在作业现场进行调头，调完头后移动车辆，待变压器重心对准基础中心后车辆停止运行，车辆就位。在车板中间大梁底部前中后3点摆放枕木，车板右侧边梁底部摆放道木，防止顶推变压器时车板发生倾斜，在轮胎两侧摆放木楔，防止车辆移动，变压器开始卸车就位	变压器卸车、就位作业示意图

续表

工作流程	工艺/工作要求	标准示例
2.变压器顶升	（1）液压顶设置在变压器的千斤顶顶点下方，变压器的两端两侧各设置2台液压千斤顶。检查液压千斤顶的各个受力部位和受力时的承载能力。 （2）待检查完毕后开始顶升，4台液压千斤顶不能同时升顶（单侧顶升或下降一次不能超过5cm），变压器的两端分别依次起顶，当一端顶升后再顶升另一端，顶升时必须做到边顶边垫保险木。两端逐步顶升至变压器，待离车板高度200mm后停止顶升。 （3）移除液压千斤顶后，在变压器底部插入一组钢轨，钢轨位置分别在变压器重心两侧变压器顶升支点处，钢轨上方摆放顶推滑块，轨道面涂上少量黄油，以利于减少滑块与轨道的摩擦阻力。 （4）用千斤顶将变压器再次顶升20mm，撤出变压器下道木，回落千斤顶，将变压器平稳落在钢轨上。钢轨靠近车板侧一端用压板和挡块固定，保证钢轨在变压器平移时不移动、不侧翻。 （5）在二根钢轨一侧位置，设置两个液压推进器作为变压器水平移动的动力。 （6）待所有工具到位，工艺设定完毕后，开始启动液压推进器，使变压器沿着液压推进器推动方向缓缓移动。变压器在钢轨上平行推进时，两组推进装置可根据平行推进过程中出现的偏差进行调整。注意，须使变压器运行始终保持在直线上，变压器移动至中间木跺临时平台预定位置后，停止推进	 升起变压器 穿入钢轨、平移变压器 液压推进器

工作流程	工艺 / 工作要求	标准示例
3.变压器就位	变压器推至木跺临时平台上后，通过液压千斤顶顶升变压器后，抽出钢轨，逐层拆除木方，待变压器降落至离木方20cm后，变压器底部两端插入钢轨，再回落液压千斤顶将变压器落至钢轨上后，继续向基础方向推进，钢轨二端位仍设置两个液压推进器作为变压器水平移动的动力。待所有设定均完毕后，启动液压推进器，变压器在两侧液压推进器推动下，沿着平行轨道缓缓移动。推至变压器基础预定位置后，再通过液压千斤顶顶升变压器后，抽出钢轨，再回落液压千斤顶将变压器落至枕木垛。反复通过此方式顶升回落变压器（单侧顶升或下降一次不能超过5cm），逐层抽取枕木，变压器落至水泥基础预定点，由业主方技术人员采用激光仪检验并验收，至此变压器就位完成	 抽出钢轨 变压器平移至基础

3.3.3.2　主变附件、套管安装

主变附件、套管安装流程及工艺标准见表3-9。

表3-9　主变附件、套管安装流程及工艺标准

工作流程	工艺 / 工作要求	标准示例
1.附件开箱	（1）施工项目部向监理项目部提出开箱申请，由监理组织到货验收和开箱检查，业主、物资、施工、供货商（厂家）派员参加。 （2）产品装箱单、质保书、合格证、出厂试验报告、安装说明书、备品备件及专用工器具应齐全。 （3）箱式包装附件箱，外观应完好，按安装箱清单核查附件，应齐全、无锈蚀及机械损伤。 （4）储油柜安装前，打开排气口和呼吸口，释放储油柜内部压力。	 附件开箱

续表

工作流程	工艺 / 工作要求	标准示例
1．附件开箱	（5）气体继电器、压力释放阀、温控已完成送检，并合格。 （6）套管应经试验合格，末端接地良好。 （7）升高座TA试验合格。出线端子板绝缘良好，接线牢固，密封良好，无渗油现象	 附件开箱
2．变压器油试验及处理	附加油运至现场后提前24h通知监理对变压器油样送检见证取样，油质不合格时应及时向监理、业主汇报。如业主单位委托我方进行附加油过滤净化处理，应通过滤油机将油从油罐底部抽出，经真空滤油机过滤后，再从对端顶部注入油罐。现场滤油过程中的所有油罐及设备均应可靠接地。绝缘油经过净化处理后，试验符合规范要求	 取油样
3．冷却装置、储油柜安装	（1）冷却装置安装。 　本次安装主变的冷却方式为自冷，选用25t吊车进行起吊作业。冷却装置在安装前先进行外观检查，表面应无严重锈蚀、破损、凹陷、明显变形。充氮运输时，应检查内部是否保持微正压。检查方法为：缓慢打开充气阀门，感觉明显有气流流出。冷却装置在安装前应按供货商规定的压力值用气压或油压进行密封试验。 　1）先安装汇流管和支架，再安装冷却器。 　2）冷却器应按照厂家编号进行安装，依照由里往外的顺序。 　3）若冷却器厂家未进行编号，安装时将其安装法兰与冷却器法兰的上下距离逐个测量，尺寸相近的安装为一组。 　4）取下各联管法兰的临时封板，更换新的橡胶圈，将冷却器对号安装在汇流管上。 　5）安装油管路时，应取下两侧法兰处的临时封板。安装冷却装置蝶阀时，应注意对齐法兰面，确保蝶阀开闭自如。	 冷却装置安装

工作流程	工艺/工作要求	标准示例
3．冷却装置、储油柜安装	（2）储油柜安装。 1）储油柜安装程序：支架安装、柜体吊装就位、连接支架螺栓，调整好位置后，安装两侧连管。 2）安装前准备工作： ①拆除储油柜前端油位指示表保护层。 ②打开排气口和呼吸口，释放储油柜内部压力。 ③使用氮气连接储油柜呼吸阀，充入氮气，做一次波纹管伸缩运动。 ④连接口接好蝶阀和波纹软连管，排气口接好排气弯管，拆下注油盖板，准备吊装。 3）储油柜和气体继电器在安装时应配合，气体继电器在抽真空后安装在储油柜与油箱的水平连接管路上，安装时应拆去运输防震用的临时绑扎绳。气体继电器箭头应指向储油柜，其与连通管的连接应密封良好。 4）将排气弯管与注油口连接管引至变压器下部并连接好阀门	 储油柜安装
4．升高座、套管安装	（1）升高座安装。 1）升高座TA特性试验，通过对TA的特性试验可有效保障电力系统的安全稳定运行，安装前经试验合格。 2）打开升高座上部封板，使用滤油机抽出升高座内变压器油。 3）将升高座吊于油池内的集油坑处，拆除升高座下部封板，并将安装面清洁干净。 4）将升高座吊装于变压器对应的安装位置，打开变压器封板，再次清理变压器、升高座安装面，更换橡胶垫圈。 5）抽出变压器引线，穿出升高座，吊车缓慢松钩，升高座底部距离变压器5cm处，停止松钩，调整升高座方向至定位位置。 6）吊车缓慢松钩，直至安装面完全接触，检查橡胶垫圈，插入螺栓，并进行螺栓初紧。吊车松钩，摘除吊带，使用塑料薄膜临时覆盖升高座上部封板处，并完成螺栓紧固。	 升高座安装

续表

工作流程	工艺 / 工作要求	标准示例
4．升高座、套管安装	（2）套管安装。 1）套管升高座安装前，应先完成电流互感器的交接试验，检查二次线圈排列顺序应正确。电流互感器出线端子板绝缘应符合产品技术要求，其接线螺栓和固定件的垫块应紧固，端子板密封严密，无渗油现象。 2）套管检查： ①打开套管包装箱，检查瓷件表面是否损伤，金属表面是否锈蚀，是否有漏油现象。如果发现问题及时与供货商联系。 ②用软布擦去瓷套及连接套筒表面的尘土和油污。必要时使用溶剂擦拭干净。 ③仔细检查 O 形密封垫圈，如有损伤或老化必须更换。 ④检查瓷套有无裂纹和渗漏，油位指示是否正常；瓷套端头有无裂纹和渗漏。 3）安装前用干净抹布将套管表面擦净。 4）吊装前套管底部用塑料薄膜包扎防尘。 5）起吊时应缓慢进行，引线连接、安装应按产品技术文件要求进行。 6）套管的油位标识应面向外侧，便于观察，套管末端应接地良好。 7）套管就位前，应检查套管法兰处的橡胶密封圈符合要求，法兰螺栓紧固必须对角交叉进行。 8）根据 25t 吊车主臂起重性能表，套管采用 25t 吊车进行安装能满足现场施工要求。 9）安装时，用洁净的白布对套管各处擦拭干净。 10）从套管孔内穿一细牵引绳，上端穿过安装于吊车头部的葫芦后留住，下端系在用螺栓制作的加工件上，露出套管。 11）将套管吊至变压器上方，将细牵引绳下端的螺栓与预先取出的线圈引线头连接，并用牵引绳将引线拉出升高座上端面，注意引线不得扭劲和打弯。	套管安装

续表

工作流程	工艺／工作要求	标准示例
4. 升高座、套管安装	12）安装时缓缓下降，同时用牵引绳将引线向上拉，直到套管降至升高座连接处并将其固定。提拉引线时，应防止引线打结或挂住，确保高压套管穿缆的应力锥能够进入套管的均压罩内，并仔细检查此处等电位连线连接的可靠性。如发现拉不动应查明原因，再上下配合进行，不可强拉。 13）引线从套管拉出后，将定位螺母旋入引线接头固定位置后，插入圆柱销、拆下牵引绳上的螺栓，再将导电头旋在引线头上，旋紧导电头与定位螺母，使之保持一定的接触压力，然后将导电头固定在接线座上，将其密封，再装接线板。 14）安装完的套管油表应面向外侧，套管末端应接地良好，其引线端头与套管顶部接线柱连接处应擦拭干净，接触紧密，套管顶部结构的密封垫应安装正确，密封良好	 套管安装
5. 压力释放阀、气体继电器、支路油管、温度计等附件安装	（1）压力释放阀、气体继电器、温度计等附件安装前，应先完成送检，送检结果应符合产品技术要求。 （2）压力释放阀、防雨罩安装。 1）安装前应检查阀盖和升高座内部是否清洁，密封是否良好。安装时注意喷油方向与图纸相符。 2）压力释放阀安装在油箱顶盖上专用法兰位置。 3）安装时，应先打开油箱蝶阀封板，清洁压力释放阀内部和油箱蝶阀法兰面，更换橡胶垫圈。 4）按照图纸要求，将喷油口朝向散热片，并将压力释放阀、防雨罩一起安装于油箱蝶阀上。 5）将喷油管吊装于压力释放阀与散热片间，安装法兰面，并紧固螺栓。 （3）支路油管安装。 支路油管安装顺序为：油箱与储油柜间主油管安装、升高座油管安装、储油柜油管安装、有载开关油管安装。	 气体继电器 法兰跨接

续表

工作流程	工艺 / 工作要求	标准示例
5．压力释放阀、气体继电器、支路油管、温度计等附件安装	1）打开油箱主油管封板，将油管吊装于油箱上，并拆除油管封板，清理安装面，更换橡胶垫圈，安装主油管。 2）升高座油管、储油柜油管、有载开关油管安装方法与主油管相同。 （4）气体继电器、防雨罩、集气盒安装。 1）用变压器油清理气体继电器内部。 2）打开油管两侧法兰面封板，并清理干净，更换两侧橡胶垫圈。 3）安装气体继电器及防雨罩，气体继电器箭头方向指向储油柜。 4）集气盒安装于变压器侧面专用位置，毛细管应先安装气体继电器侧，再沿主油管向下，接于集气盒上，其弯曲半径不得小于50mm，无压扁和急剧扭曲现象。 5）毛细管应每隔300mm做适当固定（如用细铜丝扎结），多余毛细管应盘为直径不小于150mm的环圆状，并整齐固定在主变本体上。 （5）温度计安装。 1）温度计主要由温包、毛细管和压力表等组成。安装前应经过校验合格，并检查表计外观有无损坏，毛细管有无压扁和急剧扭曲，其弯曲半径不得小于50mm。 2）温度计必须全部浸入在恒温槽内，表头必须垂直安装。密封应良好。闲置的温度计座应密封，不得进水。 3）插入温度计探头，探头必须全部浸入在恒温槽内，垂直安装，拧紧探头	呼吸器安装 集气盒安装
6．主变注油	（1）变压器新油应由生产厂提供新油无腐蚀性硫、结构簇、糠醛及油中颗粒度报告。变压器绝缘油应符合《电气装置安装工程电气设备交接试验标准》（GB 50150—2016）的有关规定。 （2）真空残压和持续抽真空时间应满足产品技术文件要求。	滤油机　　油罐 注油示意图

工作流程	工艺 / 工作要求	标准示例
6．主变注油	（3）110kV 的变压器宜采用真空注油，注入油全过程应保持真空。注油的油温应高于器身温度。注油速度不大于 100L/min。 （4）不同牌号的绝缘油或不同牌号的新油与运行过的油混合使用前，必须做混油试验。 （5）变压器本体及各侧绕组，滤油机及油管道应可靠接地。注油从油箱下部注油阀注入，注油过程中，各侧绕组所有外露的可接地的部件及变压器外壳和滤油设备都应可靠接地。注油过程如下： 1）使用 4mm^2 的软铜线将主变各侧套管短接接地。 2）拆除主变油箱下部的注油口封板，清理油管法兰及注油口法兰面，安装橡胶垫圈，连通滤油机出油口油管。 3）打开油罐放油阀，启动滤油机，油经滤油机注入变压器。 4）第一次注油完毕后静置 12h，以便油中气体充分排出，静置过程中，应从散热器、套管升高座等部位进行多次排气，将变压器内部气体排出。 5）将排气管阀门打开，再次向储油柜注油，直至排气管再次连续稳定流出变压器油。关闭排气管阀门，完成注油工作	 真空注油
7．热油循环	主变注油工作完成后，需进行热油循环，按产品技术要求进行控制。 （1）热油循环前，对油管抽真空将油管中的空气抽干净。 （2）拆除主变油箱上部的进油口封板，清理油管法兰及注油口法兰面，安装橡胶垫圈，连通滤油机。 （3）调整滤油机进出油口阀门，连接主变下部阀门的油管调整为进油口，连接主变上部阀门的油管调整为出油口。 （4）打开滤油机进油口阀门，启动滤油机，调节出油口油量，开始滤油。	 滤油机 热油循环示意图

续表

工作流程	工艺 / 工作要求	标准示例
7.热油循环	（5）滤油机出口温度控制在60~70℃，且油箱内温度不低于40℃。当环境温度全天平均低于15℃时，应对油箱采取保温措施。 （6）热油循环时间符合下列条件方可结束： 1）热油循环时间不少于12h； 2）热油循环时间不少于：3×变压器油总油量/通过滤油机每小时的油量=3×（18×1000÷0.895）/5900=10.22 h<11h，因此选择热油循环不少于11h； 3）经过热油循环后的变压器油合格	 热油循环不少于12h
8.排气、密封试验、静置	1.排气 主变热油循环完成后，即可进行排气工作。应多次从套管、升高座、冷却器、压力释放阀、气体继电器集气盒、储油柜等处进行排气，直到残余气体排尽为止。具体排气方法是慢慢旋松各处放气阀，排出可能积聚的少量气体，直至放气阀溢油为止，立即旋紧放气阀。 2.密封试验 （1）将主变本体清理干净，特别是安装法兰面油污。 （2）拆除储油柜呼吸口，连接干燥空气（或氮气）管道，关闭变压器压力释放阀，向储油柜内注入气体，气体压力值通过调节阀控制在0.02~0.03MPa范围内，持续注入气体24h。 （3）检查各安装面是否有明显油迹、油池内是否有滴油等现象。 3.静置 热油循环结束后需静置，时间为24h。静置期间还需从套管、冷却装置、气体继电器、压力释放阀等部位进行多次重复排气	 排气 渗漏检查

续表

工作流程	工艺 / 工作要求	标准示例
9．交接试验	（1）变压器油取样： 1）安装前：主变本体、附加油。 2）安装热油循环后：主变本体。 3）耐压后：主变本体。 （2）变压器取样方法： 1）取下设备放油阀处的防尘罩，旋开螺丝让油徐徐流出。 2）将放油接头安装于放油阀上，并使放油胶管（耐油）置于放油接头的上部，排除接头内的空气，待油流出。 3）将导管、注射器依次接好后，装于放油接头处，按箭头方向排除放油阀门的死油，并冲洗连接导管。 4）旋转放油阀，利用油本身压力使油注入注射器，以便湿润和冲洗注射器（注射器要冲洗2~3次）。 5）旋转放油阀，借设备油的自然压力使油缓缓进入注射器中。 6）当注射器中油样达到所需毫升数时，立即旋转放油阀，将注射器拔下，在小胶头内的空气泡被油置换之后，盖在注射器的头部，将注射器置于专用油样盒内，填好样品标签。 （3）主变交接试验按《电气装置安装工程电气设备交接试验标准》执行，试验方法见试验作业指导书及调试方案相关部分	取油样
10.投运前检查	主变投运前应对主变进行检查，本体及附件应无缺陷，且不渗油，储油柜、冷却器等油路上的蝶阀应打开，且指示正确，各侧套管引连线连接正确，低压侧三相连接组别接线正确，本体接地完好。 （1）本体、冷却装置及所有附件应无缺陷，且不渗油。 （2）设备上应无遗留杂物。 （3）事故排油设施应完好，消防设施齐全。 （4）本体与附件上的所有阀门位置核对正确。	本体接地

续表

工作流程	工艺 / 工作要求	标准示例
10.投运前检查	（5）变压器本体应两点接地。中性点接地引出后，应有两根接地引线与主接地网的不同干线连接，其规格应满足设计要求。 （6）铁芯和夹件的接地引出套管、套管的末端接地应符合产品的技术文件要求；电流互感器备用二次线圈端子应短接接地；套管顶部结构的接触及密封应符合产品的技术文件要求。 （7）储油柜和充油套管的油位应正常。 （8）分接头的位置应符合运行的要求，且指示位置正确。 （9）测温装置应指示正确，整定值符合要求。 （10）冷却装置应试运行正常，联动正确。 （11）变压器的全部电气试验应合格；保护装置整定值应符合规定；操作及联动试验应正确。 （12）局部放电前、后绝缘油色谱试验对比结果应合格	 铁芯、夹件接地 中性点接地 事故排油阀门安装 设备无遗留物

表 3–10　变压器用油试验指标

电压等级 （kV）	电气强度 （kV）	含水量 （μL/L）	介质损耗（90℃） 注入电气设备前	介质损耗（90℃） 注入电气设备后
110	≥40	≤20	tanδ≤ 0.5%	tanδ≤ 0.7%

3.3.4　质量及标准工艺要求

（1）设备材料接收前，必须进行进场质量检测，且符合物资供货合同和技术标准要求。电气设备安装前，作业环境必须进行检测，且符合技术标准和施工方案要求；必须布设视频监控终端，实现作业行为远程监测。电气设备、电缆接头安装前，作业环境必须进行检测，且符合技术标准和施工方案要求；必须布设视频监控终端，实现作业行为远程监测。电气设备内部检查时，专业监理工程师必须组织隐蔽工程验收，合格后方可进行设备封盖。电气设备带电前，建设单位必须组织验收，逐项核查交接试验情况，全部合格后方可开展系统调试。

（2）变压器冷却器应分别进行承压试验，应无渗漏情况。冷却器内部需用合格的绝缘油冲洗干净，方可安装。

（3）变压器基础（预埋件）中心位移不大于5mm，水平度误差不大于2mm。

（4）变压器油路阀门应开闭灵活，指示正确；螺栓紧固满足厂家要求，螺栓受力均匀；结合面无渗油。

（5）吸湿器与储油柜连接管的密封应良好，管道应畅通，吸湿器内的硅胶应予干燥，油位应满足要求（在油面线上）。压力释放器的安装方向应正确，使喷油口向外侧。

（6）所有法兰连接处应用耐油密封垫（圈）密封，密封垫（圈）必须无扭曲、变形、裂纹和毛刺，密封垫（圈）应与法兰面尺寸相配合，不合格的应更换。法兰连接面应平整、清洁，密封垫应擦拭干净，安装位置应正确，搭接处的厚度应与原厚度相同，压缩量不宜超过其厚度的1/3，应对角均匀拧紧。

（7）场地四周应清洁并有防尘措施，如：现场裸露土地面上布设防尘网，现场区域划分合理，隔离、警示措施齐全有效。

（8）安装时器身暴露在空气中的时间规定如下：空气相对湿度小于75%时，不得超过12h；空气相对湿度小于65%时，不得超过16h；空气相对湿度大于75%不应开始工作或立即停止工作。空气暴露时间从揭开顶盖或打开任一堵塞算起，到开始抽真空或注油为止。

（9）严禁在阴雨、下雪天气，风力达4级以上进行检查、安装工作。

（10）主变压器的中心与基础中心线重合。本体固定牢固可靠，本体固定方式（如卡扣、焊接、专用固定件）符合产品和设计要求，各部位清洁无杂物、污迹，相色标识正确。

（11）附件齐全，安装正确，功能正常，无渗漏油现象，套管无损伤、裂纹。安装穿芯螺栓应保证两侧螺栓露出长度一致。

（12）电缆排列整齐、美观，固定与防护措施可靠，宜采用封闭式槽盒。

（13）均压环安装应无划痕、毛刺，安装牢固、平整、无变形，底部最低处应打不大于 $\phi 8mm$ 的泄水孔。

（14）户外布置的继电器本体及其二次电缆进线50mm内应被防雨罩遮蔽，45°向下雨水不能直淋。气体继电器安装箭头朝向储油柜且有1.5%~2%的升高坡度，连接面紧固，受力均匀。气体继电器观察窗的挡板处于打开位置。

（15）在户外安装的气体继电器、油流速动继电器、变压器油（绕组）温度计、油位表等应安装防雨罩（厂家提供）。

（16）集气盒内应注满绝缘油，吸湿器呼吸正常，油杯内油量应略高于油面线，吸湿剂干燥、无变色，在顶盖下应留出1/6~1/5高度的空隙，在2/3位置处应有标识，吸湿剂罐为全透明（方便观察）。

（17）冷却器与本体、气体继电器与储油柜之间连接的波纹管，两端口同心偏差不应大于10mm。

（18）储油柜安装确认方向正确并进行位置复核，胶囊或隔膜应无泄漏，油位指示与储油柜油面高度符合产品技术文件要求。

（19）有载开关分接头位置与指示器指示相对应且指示正确，油室密封良好。

（20）散热器编号齐全，散热器法兰、油管法兰间应采用截面积不小于 16mm² 的跨接线通过专用螺栓跨接，严禁通过安装螺栓跨接。

（21）事故排油阀应设置在本体下部，且放油口朝向事故油池，阀门应采用蝶阀，不得采用球阀，封板采用脆性材料。

（22）安全气道隔膜与法兰连接严密，不与大气相通。压力释放阀导油管朝向鹅卵石，不得朝向基础。喷口应装设封网，其离地面高度为 500mm，且不应靠近控制柜或其他附件。

（23）阀门功能标识及注放油、消防管道介质流向标识齐全、正确。

（24）套管与封闭母线（外部分支套管）中心线一致。变压器套管与硬母线连接时应采取软连接等防止套管端子受力的措施。套管油表应向外，便于观察。变压器低压侧硬母线支柱绝缘子应有专用固定支架，不得固定在散热器上。套管末屏密封良好，接地可靠；套管法兰螺栓齐全、紧固。

（25）本体应两点与主接地网不同网格可靠连接。调压机构箱、二次接线箱应可靠接地。电流互感器备用绕组应短路后可靠接地。

（26）中性点引出线应两点接地，分别与主接地网的不同干线相连，中性点引出线与本体可靠绝缘，且采用淡蓝色标识。

（27）铁芯、夹件应分别可靠一点接地，接地排上部与瓷套接线端子连接部位、接地排下部与主接地网连接部位应采用软连接，铁芯、夹件引出线与本体可靠绝缘，且采用黑色标识。

3.3.5　质量通病防治要求

（1）铁芯、夹件通过小套管引出接地的变压器，应将接地引线引至适当位置，以便在运行中监测接地线中是否有环流。引下线截面满足热稳定校核要求，铁芯接地引下线应与夹件接地分别引出，并在油箱下部分别标识。

（2）变压器中性点避雷器及放电计数器应用最短的接地线与接地网直接连接，避雷器与放电计数器间连接线采用黑色标识。隔离开关底座应接地可靠。

（3）母排支柱绝缘子不应直接固定在散热器上。

（4）户外布置的变压器气体继电器、油流速动继电器、温度计、油位表应加装防雨罩，并加强与其相连的二次电缆结合部的防雨措施；二次电缆应采取防止雨水顺电缆倒灌的措施（如反水弯）。

（5）套管均压环、导线金具等易积水部位最低处应打排水孔。

（6）主变连接管路、连接件间应进行跨接。

（7）油浸式电力变压器事故放油阀应装有弯头，弯头不得封死或采用球阀。

3.4 常见问题及控制措施

常见问题及控制措施见表3-11。

表 3-11 常见问题及控制措施

序号	常见问题	注意事项及控制措施
1	变压器注油不合格	在进行注油时要事先对变压器油管、油泵等滤油操作部件清洗干净。 操作人员严格按照注油操作工艺要求及相关标准，进行变压器注油操作。 对变压器的油泵及注油速度进行检查控制，避免变压器进油口阀门比较小但是滤油机流量比较大
2	变压器引线安装存在问题	在进行变压器设备高压侧引线的安装连接时，在将引线穿入到变压器套管中时，严格控制变压器套管尾部均压环以下的引线连接和安装，避免这部分的引线连接与安装中出现电缆打绞受力。若出现打绞受力，打开视察手孔，重新安装连接。 进行定位螺母安装时，将定位螺母与定位销进行连接然后放置在接线座中，保持螺母上面与接线座上面处于同一个平面内

续表

序号	常见问题	注意事项及控制措施
3	变压器套管密封存在问题	对变压器导电头及变压器引线的接头进行检查，保证导电头及变压器引线接头中的螺纹完好并且没有污物。 对变压器套管密封件安装时，将密封件正确放置在安装位置上，确保其与机械设备紧密贴合，避免使用不合适的工具导致密封件损坏或安装不牢固，保证密封性良好

第 4 章
GIS 安装施工标准化安全管控

4.1 GIS 安装流程

GIS安装流程如图4-1所示。

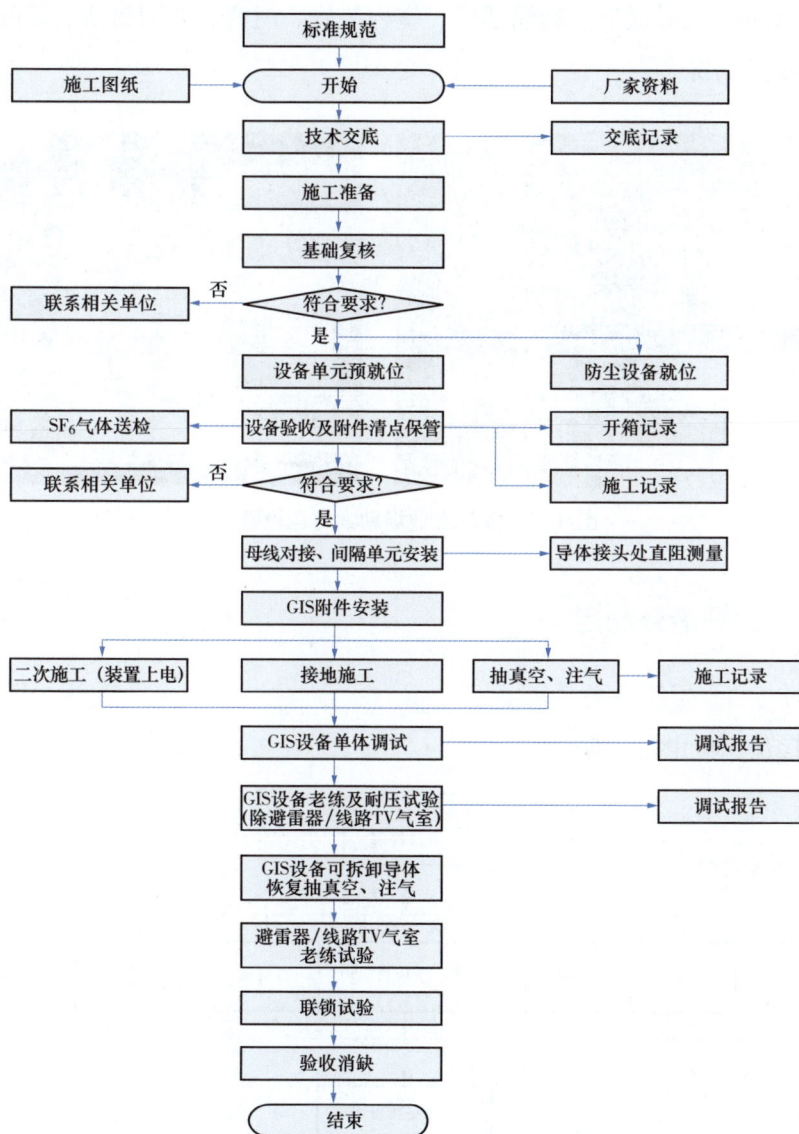

图 4-1 GIS 安装流程图

4.2 GIS 安装准备工作

4.2.1 现场勘察测量

规范开展土建与电气标准化转序后（见图4-2），重点勘察户内GIS安装位置及尺寸、电缆通道、运输通道、室内装修、门窗、孔洞封堵、房间内清洁、通风等情况。

图 4-2 GIS 室现场勘察与运输通道

4.2.2 组织措施制定

4.2.2.1 组织机构

组织机构如图4-3所示。

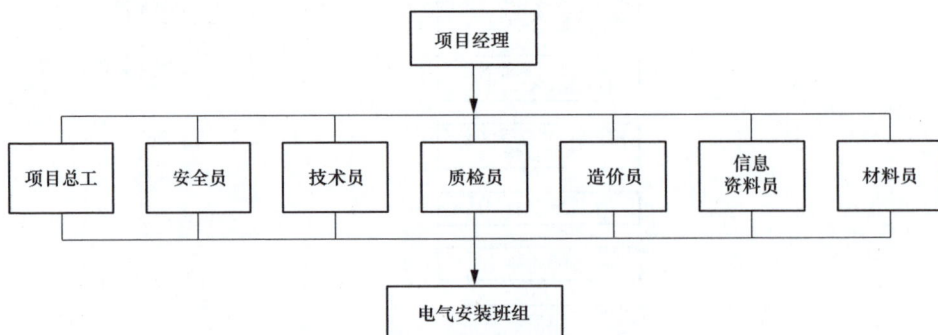

图 4-3 组织机构

4.2.2.2 施工人员职责

4.2.2.2.1 施工项目部人员职责

（1）项目经理：全面负责 GIS 安装施工的组织和协调工作，并对整个施工过程中的安全、质量、进度、物资和文明施工负责。

（2）项目总工（技术负责人）：负责技术准备和现场技术交底，参与 GIS 进场检查和附件清点，深入现场指导施工，及时发现和解决施工中出现的技术问题。对施工措施执行情况和质量检验工作进行监督和指导，对施工质量在技术上负责。

（3）质检员：熟悉图纸并掌握有关标准规范和程序文件。负责检查、监督施工过程中的质量保证、检验及数码照片采集工作。

（4）安全员：负责安装全过程中的安全监督，协助组织施工前的安全检查和安全教育。

4.2.2.2.2 施工班组人员职责

（1）施工班组长：负责完成本作业组内的各项工作任务，并负责对本作业组成员的安全监护。配合质检工作，负责施工记录的填写。

（2）作业组成员：负责施工所需工器具材料的准备，按照图纸、规范、厂家资料、措施和安全技术交底等要求，完成组长分配的各项施工任务，及时主动地向作业组长反映安装中发现的安全、质量隐患和技术问题。施工人员应有丰富 GIS 安装工作经历，技术熟练，工作认真负责，对 GIS 结构和关键控制点熟悉，在施工前应认真熟悉图纸、施工方案及现场运行屏柜内接线情况。

（3）起重指挥：负责起重机械、器具的准备和检验，指挥施工中的起重作业，并对起重作业中的安全负责。

（4）后勤组：负责整个安装过程中工器具、设备、辅助材料的后勤保障工作。

4.2.3 安全措施制定

4.2.3.1 基本要求

满足基本要求的安全措施见表4-1。

表 4-1 基本要求安全措施

序号	基本要求	安全措施
1	施工队伍的要求	分包队伍应根据工作性质，检查其营业执照、承装（修、试）电力设施许可证、建筑企业资质证、安全生产许可证、施工劳务资质证等资信真实、有效
2	人员准入要求	（1）进入施工现场的所有施工人员准入合格，经过安全教育、安全技术交底合格后，方能进入现场进行施工；特种作业人员必须经过专业技术培训及专业考试合格，持证上岗。 （2）进入现场施工人员必须正确穿戴安全防护用品，严禁酒后进入施工现场，施工现场禁止吸烟。 （3）特种作业人员必须持证上岗，禁止无证作业
3	防触电要求	（1）电焊机、电源盘柜、电动机具外壳必须用多股软铜线进行可靠接地。电焊机外壳接地时，其接地电阻不得大于4Ω。 （2）电焊机一次线开关离操作者不大于5m，周围应留安全通道，作业人员离开现场时，必须断开机具电源。 （3）施工用电应严格遵守安全规程，实现三级配电二级保护，一机一闸一保护。总配电箱及区域配电箱的保护零线应重复接地，且接地电阻不大于10Ω。 （4）二次屏柜带电后应在柜门上悬挂"当心触电"警示牌，并将带电侧柜门上锁，钥匙由专人保管
4	焊接作业要求	（1）焊接工作人员必须持应急管理局颁发证书上岗，必须穿电焊工作服、使用面罩等劳动保护用品。 （2）焊接施工场地应有防风、防雨措施，周围无易燃、易爆物品，并配有消防器材
5	吊装操作要求	（1）设备吊装时，必须认真执行操作规程和吊装方案。 （2）吊车进场前，应进行进场报验、签证，经批准后方可进场。 （3）吊装过程中需有专人指挥，必须持证上岗。 （4）吊车作业位置的地基稳固，附近的障碍物清除干净，衬垫支腿枕木不得少于两根且长度不得小于1.2m。

续表

序号	基本要求	安全措施
5	吊装操作要求	（5）设备起吊前，起吊机具与绳索使用前要严格检查，尤其是钢丝绳要防止打结和扭曲现象，吊车支腿支垫可靠，起吊时应缓慢平稳。 （6）吊车吊装物体时，确保被吊物绑扎牢固，移动过程中做好与邻近设备及人员的距离管控。 （7）户内 GIS 设备本体的吊装对建筑物净空高度要求：110kV GIS 搬运通道上方设备最高尺寸为 3.8m。吊装时需考虑要比下方障碍物至少抬高 0.5mm，吊钩下至少要预留 1m 的操作空间。 （8）套管吊装净空高度及套管耐压试验安全距离的要求：吊装净空高度参考室内按套高度加 1.5m 考虑。 （9）GIS 设备安装及检修维护需要设置起吊设施，运输车辆将 GIS 设备运输到吊装平台附近，然后采用汽车起重机将 GIS 设备吊至吊装平台
6	保护环境的要求	（1）防止废弃物造成水土污染，统一回收集中处理；建设过程中产生的建筑垃圾及时清运处理，施工完毕做到工完料尽场地清；使用 SF_6 专用回收装置，确保全量回收，禁止直接排放在空气中造成大气污染。 （2）防止机械噪声造成的噪声污染，合理安排施工顺序和时间，避免噪声大的机具同时使用。同时，加强对施工机械维护、保养、维修工作，加强对操作人员的技能培训，作业时尽量减小噪声的污染。 （3）选用环保、检测合格涂料，控制施工现场气体、粉尘和雾滴等污染物的产生，必要时选用附属的防护装置来保护施工人员健康和妥善处置废弃物渣滓，以防止环境污染
7	防尘要求	户内 GIS 室地面应做底漆固化处理或铺设防尘地板革，电缆通道、运输通道、室内装修、门窗、孔洞封堵完成，保持房间内清洁、通风等，配置空气净化器、吸尘器、颗粒度检测仪等设备，人员进入 GIS 室，需按要求穿戴防尘服和鞋套，室内洁净度在百万级以上的条件下进行作业

4.2.3.2　常见危险点及控制措施

常见危险点及控制措施见表4–2。

表 4–2　常见危险点及控制措施

序号	工序	风险因素	控制措施
1	GIS就位	机械伤害 物体打击	（1）技术人员应根据GIS的单体重量配备吊车、吊带，并计算出吊带的长度及夹角、起吊时吊臂的角度及吊臂伸展长度，同时还要考虑吊车的转杆半径和起吊高度；室内顶棚吊环必须经过有关部门验收合格后，方可使用。 （2）GIS就位前，作业人员应将作业现场所有孔洞盖严，避免人员摔伤。需建临时载物平台的应进行负载计算，搭设完毕后，经监理验收合格后方可使用。 （3）吊装过程中，必须设专人指挥。 （4）GIS吊离地面100mm时，应停止起吊，检查吊车、钢丝绳扣是否平稳牢靠，确认无误后方可继续起吊。起吊后任何人不得在GIS吊装范围内停留或走动。 （5）用顶棚吊环就位GIS时，作业人员除应遵守上述吊车作业要求外，操作人员应在所吊GIS的后方或侧面操作。 （6）GIS主体设备就位应放置在滚杠上，利用链条葫芦或电动绞磨等牵引设备作为牵引动力源，严禁用撬杠直接撬动设备。GIS后方严禁站人，防止滚杠弹出伤人。 （7）牵引前作业人员应检查所有绳扣、滑轮及牵引设备，确认无误后，方可牵引。工作结束或操作人员离开牵引机时必须断开电源。 （8）操作绞磨人员应精神集中，要根据指挥人员的信号或手势进行开动或停止，停止时速度要快。牵引时应平稳匀速，并有制动措施。GIS就位拆箱时，作业人员应相互照应，特别是在拆较高大包装箱时，应有人扶住，防止包装板突然倒塌伤人。 （9）在起吊、牵引过程中，受力钢丝绳的周围、上下方、转向滑车内角侧、吊臂和起吊物的下面，不得有人逗留和通过
2	GIS安装	中毒窒息 触电伤害 高处坠落 机械伤害 物体打击	（1）户内GIS采用顶棚吊环安装时，钢丝绳穿过吊环，应注意采取可靠防护措施，防止高坠事故。 （2）对接过程中，可使用撬杠做小距离的移动。采用导引棒使螺栓孔对位时，应特别注意手不要扶在母线筒等设备的法兰对接处，避免将手挤伤。

序号	工序	风险因素	控制措施
2	GIS 安装	中毒窒息 触电伤害 高处坠落 机械伤害 物体打击	（3）使用撬杠时，不要用力过猛，防止撬杠滑脱伤人及碰撞设备。 （4）户内式 GIS 吊装时，作业人员在接应 GIS 时应注意周围环境，防止临边高处坠落或挤压。 （5）使用顶棚吊环吊装 GIS 时，操作人员应在所吊 GIS 的后方或侧面操作。 （6）进入较长母线筒进行清擦时，要有通风措施，监护人不得擅自离开。 （7）GIS 安装时打开罐体封盖前应确认气体已回收，表压为零；检查内部时，含氧量应在 19.5%~23.5% 方可工作，否则应吹入干燥空气
3	GIS 套管 安装	中毒窒息 触电伤害 高处坠落 机械伤害 物体打击	（1）吊装过程中应设专人指挥，指挥人员应站在能全面观察到整个作业范围及吊车司机和司索人员的位置，对于任何工作人员发出紧急信号，必须停止吊装作业。 （2）套管吊离地面 100mm 时，应停止起吊，检查吊车、钢丝绳扣是否平稳牢靠，确认无误后方可继续起吊。起吊后，任何人不得在吊件吊装范围内停留或走动。在吊件距就位点的正上方 200~300mm 稳定后，作业人员方可开始进入作业点。起吊套管应采用厂家专用工具。套管安装时使用定位销缓慢插入，防止挤压发生伤手事故。 （3）摘除套管吊带时，作业人员宜使用升降车摘钩。户内套管吊装应采用作业平台，作业人员宜站在平台上拆除吊带。 （4）不得抛掷牵引绳和吊带
4	GIS 充气	中毒窒息 触电伤害	（1）抽真空应设专用电源，其过程专人进行监控。 （2）搬运 SF_6 气瓶应采用气瓶小车或两人进行，搬运过程轻抬轻放，防止压伤手脚。 （3）户内 GIS 充气时，应配备气体检测仪，作业人员应将窗门及排风设备打开，作业区空气中 SF_6 气体含量不得超过 1000μL/L。 （4）在充 SF_6 气体过程中，作业人员应进行不间断巡视，随时查看气体检测仪是否正常，并检查通风装置运转是否良好、空气是否流通。如有异常，立即停止作业，组织作业人员撤离现场。

序号	工序	风险因素	控制措施
4	GIS 充气	中毒窒息 触电伤害	（5）施工现场应准备气体回收装置，发现有漏气或气体检验不合格时，应立即进行回收，防止SF$_6$气体污染环境
5	GIS 设备调试	机械伤害 触电伤害	（1）工作前断开柜内各类交直流电源并确认无电压。 （2）拆接二次电缆时，作业人员必须确定所拆电缆确实无电压，并在监护人员监护下进行作业。作业人员应使用带绝缘柄的工具，工作过程中注意加强监护，不得碰触带电导体。 （3）打开气室前，需确认气室内部已降至零压，相邻的气室根据厂家技术规范和使用要求进行降压或回收处理。 （4）在调整断路器传动装置时，严格按照规程进行，将机构充分释能，防止断路器意外脱扣伤人，做好安全监护。 （5）电动调整及远方传动操作时，应确认作业人员与危险部位保持安全距离
6	GIS 交接试验	高处坠落 机械伤害 触电伤害 绝缘击穿	（1）一次设备试验工作不得少于2人；试验作业前，必须规范设置安全隔离区域；设专人监护，严禁非作业人员进入；设备试验时，应将所要试验的设备与相邻设备做好物理隔离措施。 （2）高压试验前应先检查试验接线、表计状态，并取得试验负责人许可。加压过程中应有人监护并呼唱，操作人员站在绝缘垫上。设备通电中，试验人员不得中途离开。 （3）变更试验接线前或试验结束时，应及时断开试验电源，并对被试验设备充分放电，升压设备的高压部分短路接地。 （4）装、拆试验接线应在接地保护范围内，穿绝缘鞋。在绝缘垫上加压操作，与加压设备保持足够的安全距离。 （5）高处作业应正确使用安全带，作业人员在转移作业位置时不准失去安全保护。 （6）耐压、局部放电试验严格按照试验规程操作，升压速度应平稳并密切注意有关仪表和设备情况，发现异常应断开电源，进行放电，停止试验，待查明原因后方可继续试验

4.2.4　技术措施制定

4.2.4.1　技术交底

（1）设计交底：业主组织设计、监理和施工对 GIS 安装进行设计交底，熟悉设计图纸及技术资料，交底本工程 GIS 设备施工的特点、施工方法和工艺要求，如图4-4所示。

图 4-4　设计交底

（2）项目部交底：项目中心和施工项目部组织安装班组骨干员工、核心技术人员，进行 GIS 设备进场前的工作安排和技术交底。

（3）班组交底：技术负责人安装前参照图纸、厂家技术文件等信息，编制施工方案，同厂家服务人员一起对施工班组进行安装培训和技术交底，明确 GIS 安装时有无特别要求，备齐所需要的工器具和材料，同时做好交底记录。安装阶段应有现场监理及厂家服务人员在场，以便随时对安装中发现的问题进行现场鉴定，明确处理意见，以确保 GIS 安装顺利完成。

项目部交底与班组交底如图4-5所示。

(a) 项目部交底　　　　　　　　(b) 班组交底

图 4-5　项目部交底与班组交底

4.2.4.2　工作界面划分

施工班组负责现场安装，厂家提供技术指导，厂家现场安装部分由厂家服务人员负责完成。

4.2.4.2.1　一般原则

（1）施工单位与厂家就各自安装范围内的工程质量负责。

（2）除厂家提供的专用设备、机具、材料外，安装环节所需其他设备、机具、材料由施工单位提供。现场安装过程中所用到的设备、机具、材料等必须在检定有效期之内，并履行相关报审手续。提供单位对所提供的设备、材料、机具的质量负责。

（3）施工单位对货物保管负责（需要开箱的，开箱前仅对箱体负责）。厂家按合同要求将货物完好运抵约定场所，到货检验交接以后由施工单位负责保管。对于暂时无法开箱检验交接的，施工单位需对储存过程中包装箱的外观完好性负责。

（4）施工单位与厂家通力协作，相互支持与配合，负有配合责任的单位，应积极配合主导方开展工作。如配合工作不满足主导方相关要求，双方应积极协调解决，必要时应及时报告监理单位。

4.2.4.2.2　界面划分

施工界面划分见表4-3。

表 4-3　施工界面划分表

序号	项目	内容	责任单位
1	基础复测	检查混凝土基础强度、基础表面清洁度，预埋件及预留孔洞符合设计要求	施工单位
		检查与设备安装有关基础的基准、尺寸、空间位置	施工单位
2	定位画线	提供安装和就位所需要的基础中心线，对主要基础参数进行复核	施工单位
3	设备就位	设备就位，并校正间隔组件尺寸	施工单位厂家
		指导将设备精确就位，并复核就位精度符合要求	施工单位厂家

续表

序号	项目	内容	责任单位
4	设备固定	GIS、汇控柜、爬梯、支架等与基础之间的固定工作，包括埋件焊接、地脚螺栓等固定方式	施工单位
5	内部检查	拆除断路器机构防慢分卡销，检查断路器传动轴螺栓紧固程度，检查电刷接触有效	施工单位厂家
		GIS罐体的内部点检工作	施工单位厂家
6	导电部件	设备导体的清洁、连接、紧固	施工单位厂家
7	绝缘部件	盆式绝缘子的清洁、安装、紧固工作	厂家
8	内壁卫生	罐体、套管、TA、TV、避雷器等内壁清洁	厂家
9	对接面	法兰对接面的螺栓紧固，并达到技术要求	施工单位厂家
		所有对接法兰面清洁工作	
		各类型圈清洁、安装，润滑脂涂抹	
		密封脂、防水胶注入工作	
10	吸附剂	吸附剂安装、更换工作	施工单位厂家
11	气路	密度继电器安装	施工单位厂家
		气管连接、阀门、密封工作	
12	连杆安装	GIS隔离开关、接地开关传动连杆的安装与调整	厂家
13	气体处理	抽真空和充气工作，过程检测	施工单位厂家
		现场对接面的气密性试验	
14	设备接地	GIS壳体、汇控柜、支架等接地引下线的安装，相间导流排、法兰跨接等设备自身之间接地的现场连接	施工单位
		相间导流排、法兰跨接等设备自身之间的接地材料供货	厂家

续表

序号	项目	内容	责任单位
15	二次施工	GIS就地汇控柜、控制柜的就位	施工单位
		GIS本体设备间联络电缆敷设	施工单位
		提供GIS自身之间的联络电缆及标牌、接线端子、槽盒等附件，包括设备到机构、机构到汇控柜、汇控柜到汇控柜等	厂家
		GIS本体设备间联络电缆的现场接线	厂家
16	试验调试	GIS所有交接试验，并实时准确记录试验结果，比对出厂数据，及时整理试验报告	施工单位
		GIS的首次手动和电动操作和调整，首次操作完成后，并对施工单位进行培训	厂家
		GIS自身之间的联锁回路的首次调试	厂家
17	问题整改	验收和运检要求的质量缺陷整改	厂家
		安装、调试过程中，处理因施工造成的不符合基建和运检要求的质量缺陷	施工单位
18	质量验收	竣工验收时，牵头质量消缺工作	施工单位厂家
		验收过程中发现的缺陷，负责整改闭环因产品本身原因造成的缺陷	厂家

4.2.4.3　设备安装时的现场布置

本着合理节约空间、安全文明使用场地原则，安装前需备齐所需要的工器具和材料，对使用的施工机具、电源箱进行合理摆放，现场物料存放区设置围栏、悬挂警示牌以有利于施工现场管理及符合安全文明施工要求。设备及附件定点堆放、整齐规范，放置时应平稳，应有防倾倒措施。对于防雨、防尘要求的设备，还要有防雨、防尘措施。

GIS设备存放如图4-6所示。

图 4-6　GIS 设备存放图

4.3　GIS 安装技术及工艺

4.3.1　施工准备

4.3.1.1　施工人员准备

工程人员根据现场实际情况进行配置，人员安排见表4-4，根据施工时现场情况进行动态调整。

表 4-4　施工人员计划表

岗位	人数	岗位	人数
工作负责人	1	吊车司机	1
技术员	1	吊车指挥	1
质检员	1	技术工人	4
安全员	1	厂家服务人员	2
测量员	1	焊工	1
调试人员	3	普工	7

4.3.1.2　现场安装主要工器具及机械

现场安装主要工器具及机械见表4-5。

表 4–5　现场安装主要工器具及机械

序号	名称	规格	数量	用途
1	吊车	16t	1辆	设备吊运
2	电焊机	4.5kW	1套	底架与基础焊接等
3	吸尘器	1kW以上	2个	清理壳体内部
4	通风机/风扇	1kW	1个	通风换气
5	吊锤	0.5kg	1个	基础检查
6	水平仪	500mm	1个	基础测量
7	卷尺	5m	1个	基础测量
8	钢板尺	300mm、1m	各1个	一般测量
9	游标卡尺	150mm	1个	一般测量
10	塞尺或塞棒	0.02~1.0mm	1套	测量间隙
11	手扳葫芦	3t	2个	设备吊装、连接
12	尼龙吊带	2t×4.0m	1副	设备吊装
13	力矩扳手	200N·m/400N·m	2把	螺纹紧固作业
14	二次接线工具	—	2套	二次配线
15	开口扳手	M6~M36	2套	螺纹紧固
16	手电筒	—	2个	一般用途
17	反光镜	—	1个	内部检查
18	梯子	L=4m	2个	一般用途
19	防尘服		50套	内部安装
20	防尘罩		200套	现场作业
21	安全带		4副	高空作业
22	安全帽		25只	现场作业
23	鞋套		200只	现场作业
24	正压式呼吸机	RHZK6.8/30	2套	现场作业

4.3.1.3　现场主要试验设备

现场主要试验设备见表4-6。

表 4-6　现场主要试验设备

序号	名称	参考规格	数量	用途
1	绝缘电阻测试仪	1500C	1套	绝缘电阻测试
2	变频串联谐振试验设备	RTXZY-270KAV/270KV	1套	试验用
3	超声波局放仪	PD74	1套	试验用
4	SF_6 气体回收装置	GBY-25/40型	1台	真空、填充、回收 SF_6 气体抽
5	减压阀、充气管路/接头	—	1套	SF_6 气体充气用
6	经纬仪	—	1套	检查安装基础
7	工频耐压试验设备	HDSR-F-Y30	1套	工频耐压试验
8	SF_6 检漏仪	LF-1	1台	SF_6 气体检漏
9	微量水分检测仪	USI-1A	1台	SF_6 气体水分测量
10	麦氏真空计	PM-4	1个	真空度测定
11	干湿度计	—	1个	测量温度、湿度
12	机械特性测试仪	HDKC-700	1台	试验用
13	回路电阻测试仪	AI6310LC	1台	试验用
14	直流稳压电源	—	1台	试验用
15	移动式电源箱	30m以上	1个	动力电源
16	移动电源盘	20m以上	2个	检修、试验
17	万用表		2个	试验、测量用
18	兆欧计	500V、1000V	各1个	试验、测量用
19	安培表、伏特表	—	各1个	试验、测量用

4.3.1.4 辅助材料表

辅助材料见表4-7。

表 4-7 辅助材料表

序号	名称	参考规格	数量	用途
1	防氧化导电脂	—	100g	固定导电接触面防氧化
2	酒精（分析纯）	—	若干	零件清洗、清理
3	百洁布	—	200块	零件清洗、清理
4	塑料薄膜	—	30kg	SF_6气体检漏
5	工业洁净纸	—	若干	零件清洗、清理
6	记号笔	—	1套	做紧固记号
7	压敏胶带	—	若干	SF_6气体检漏

4.3.2 GIS 安装准备条件

厂家服务人员应随GIS设备到达现场，明确GIS安装时有无特别要求，备齐所需要的工器具和材料。安装之前厂家服务人员在项目部组织下，完成安全准入考试和培训且合格，由厂家服务人员对现场施工人员进行安装培训。安装阶段应有现场监理及厂家服务人员在场，以便随时对安装中发现的问题进行现场鉴定，明确处理意见，以确保GIS安装顺利完成。

GIS安装准备条件及工作要求见表4-8。

表 4-8 GIS 安装准备条件及工作要求

工作流程	工作要求	标准示例
1.GIS 基础及轴线复查	GIS到场前，应对其基础进行一次全面复测，并符合如下要求： （1）根据基础图核对各基础埋件均已埋设完毕，电缆沟及地面开洞位置、尺寸满足基础图要求。 （2）已确保GIS场地及周边无影响设备进场的障碍物。	

续表

工作流程	工作要求	标准示例
1.GIS 基础及轴线复查	（3）以中间间隔为中心线，明确 GIS 安装位置。一般先在地面上划主母线中心线，再划各间隔的中心线，各间隔中心线要确保与主母线中心线相垂直。 （4）用经纬仪测量各间隔的地面水平，并按基础编号将高度记录于对应检查表上： 1）整个设备方向（长度和宽度）预埋件高度偏差不超过3mm； 2）每个间隔预埋件水平高度偏差不超过2mm； 3）相邻间隔预埋件水平高度偏差不超过3mm； 4）间隔预埋件上表面高出混凝土或地面5mm	
2.GIS 设备外观检查	（1）到达后，检查设备运输过程中是否损坏，包装应无残损。 （2）出厂证件及技术资料应齐全，元件、附件、备件及专用工器具应齐全，符合订货合同约定，无损伤、变形及锈蚀。 （3）瓷件及绝缘件应无裂纹及损伤。 （4）充气运输的单元或部件，存放期间充气气室气体压力不应低于0.03MPa，否则需补足合格的气体。 （5）SF_6气体的数量须满足现场需求，且有出厂报告及合格证，其技术指标要满足要求；减震圈和保护盖齐全，存放期间做好防晒、通风良好措施，其阀门口要包扎好，有防水及油污措施	

续表

工作流程	工作要求	标准示例
3.GIS 设备开箱验收	（1）GIS 出厂运输时，在断路器、隔离开关、电压互感器、避雷器上加装三维冲击记录仪，冲击记录仪的数值应满足制造厂要求且最大值不大于 $3g$，厂家、运输、监理、业主、物资、运检等部门签字齐全完整，原始记录复印件随原件一并归档。 （2）卸货时避免剧烈冲击，按照装配的先后顺序放置。 （3）设备开箱： 1）用起钉器开箱，不许猛烈敲击； 2）按安装顺序开箱，暂不安装单元不要开箱； 3）开箱后，确认零部件无外观损坏； 4）对照装箱清单，确认包装箱内无缺件； 5）不要去掉贴在设备上的标签，以便装配时参考	
4.SF_6 气体送检见证取样	SF_6 气体送检见证取样，且充入的 SF_6 气体须 100% 经 SF_6 气体质量监督管理中心抽检合格，SF_6 气体的送检抽样比例如表 4-9 所示	
5.现场防尘措施实施、验收	（1）本工程 GIS 室内布置，室内装修应完成，门窗、孔洞封闭完成，地面涂刷环氧地坪底漆或铺设地板革，保持清洁，内置温湿度计及粉尘检测仪，实时监控室内安装环境。工作人员保持个人清洁，应穿戴干净的工作服和手套，非工作人员不得进入安装现场。	

续表

工作流程	工作要求	标准示例
5.现场防尘措施实施、验收	（2）GIS现场安装工作应在环境温度−10~40℃、空气相对湿度小于80%，洁净度在百万级以上的条件下进行，温湿度、洁净度和洁净度应连续动态监测并记录	
6.严格执行关于GIS设备质量控制强制性措施	"严格设备监造过程管控、严格执行设备运输规定、严格设备到货验收检查、严格开展设备安装前交底、严格明确现场分工和责任界面、严格落实设备安装防尘措施、严格履行防尘措施验收程序、严格控制现场安装环境、严格管控现场设备安装工艺"等九个方面的强制性	
7.工器具、辅材准备齐全	所需工器具、辅材准备齐全，并应登记由专人负责，避免工器具遗漏在气室内	
8.GIS就位	GIS到现场后，采用16t吊车起吊转运，应按照现场情况以从内到外的顺序依次进行GIS设备的预就位。从吊装平台至室内设备搬运及吊装方式通常有以下两种：	

工作流程	工作要求	标准示例
8.GIS 就位	（1）在GIS室设置桥式吊车，用桥式吊车将GIS设备从吊装平台吊入室内就位安装； （2）在GIS室屋面下方设置吊钩，通过滚轮的方式将GIS设备从吊装平台搬运至接入点附近，再由吊钩上挂的电动葫芦吊起就位安装	

表 4-9　SF$_6$气体送检抽样比例

每批气瓶数	选取的最少气瓶数
1	1
2~40	2
41~70	3
71以上	4

4.3.3　GIS 安装作业

4.3.3.1　间隔单元与间隔单元直接对接的安装

间隔单元与间隔单元直接对接的安装流程及工艺标准见表4-10。

表 4-10　间隔单元与间隔单元直接对接的安装流程及工艺标准

工作流程	工艺/工作要求	标准示例
1.首单元的确定和安装	（1）选择中间间隔的断路器单元为首个定位及安装间隔，由此间隔向两边依次安装其他间隔。本工程以中间的间隔（定为110kV分段柜F5）轴线为基础，逐步向两侧间隔进行安装。 （2）第一安装单元按图纸要求安装就位后，应核对其轴线及水平，同时打开需要对接处的临时封板。GIS的孔、盖等打开时，必须使用防尘罩进行封盖，保证GIS内部的洁净程度	

续表

工作流程	工艺／工作要求	标准示例
2.设备检查	（1）封板打开后，检查其盆式绝缘子应完整无破损，气室内的支柱绝缘子应完好、紧固，内部清洁且无异物，连接触头完好，内部若有临时支撑件应予拆除。 （2）打开相邻的第二安装单元的封板，并对内部进行相应检查	
3.设备清理	对接法兰面应平整、清洁、无划伤；已用过的密封垫不得使用，新换的密封垫必须无扭曲、裂纹；涂抹密封脂时，不得流入垫圈内侧；同时对盆式绝缘子、内部支柱绝缘子的表面进行清洁工作	
4.间隔单元间直接对接安装	（1）将第二安装单元安装就位，并与第一安装单元对接，对接时要非常小心不能损坏连接触头，确保轴线及水平度能满足厂家要求，检查密封垫无偏移后，穿好对接螺栓并紧固，对称均匀地拧紧法兰上全部螺栓。并按表4-11中要求的力矩紧固。若检漏中发现密封面某处漏气超过规定值，允许对这区域内的连接螺栓施加比表4-11中高20%的力矩进行紧固。若经上述处理仍漏气，则必须拆开，对密封面、槽及密封圈进行检查及处理。 （2）在第一安装单元和第二安装单元底架吊点孔上安装两副3t的手扳葫芦，收紧手扳葫芦，确保两对接法兰面边沿重合不错位的情况下，先用扳手将水平中部两处螺栓预紧至法兰面合拢住。然后再装配上半圈螺栓，用力矩扳手对角依次紧固。 （3）第二安装单元安装完毕后，即可按上述步骤进行后续单元安装，直至间隔单元全部安装结束	

表 4-11　螺栓紧固力矩

螺纹外径（mm）	6	8	10	12	14	16	20	24
紧固力矩（N·m）	7	16	30	50	80	110	220	380

4.3.3.2　间隔单元与间隔单元通过母线对接的安装

间隔单元与间隔单元通过母线对接的安装流程及工艺标准见表4-12。

表 4-12　间隔单元与间隔单元通过母线对接的安装流程及工艺标准

工作流程	工艺/工作要求	标准示例
1.母线筒安装中线复测	（1）核对图纸确定准备对接的间隔，转移至施工区域；按照制造厂现场安装施工图纸，确定对接需用的导体等零部件，并根据包装箱清单查找备齐。 （2）母线筒的安装按基准间隔（定为分段柜F5）调整，在母线筒法兰面中心悬挂线锤（以正上方螺孔中心为准），调整母线筒轴向中心与地面画线X轴贴合；对于双母线情况的，要求两条母线中心分别与X1和X2轴重合	
2.清理壳体与导体	（1）用吸尘器将对接间隔外表面，特别是母线筒法兰封口处灰尘清理干净；拆除两间隔母线筒工装封板，开盖的法兰对接面随时扣防尘罩；对母线导电杆进行检查、清理。 （2）所有打开的法兰面的密封圈均必须更换。法兰对接前应先对法兰面、密封槽及密封圈进行检查，法兰面及密封槽应光洁、无损伤，对轻微伤痕可平整。密封面、密封圈用清洁无纤维裸露白布或不起毛的擦拭纸蘸无水酒精擦拭干净	

续表

工作流程	工艺 / 工作要求	标准示例
3.气室检查	应对可见的触头连接、支撑绝缘件和盘式绝缘子进行检查，应清洁无损伤，对打开的气室内部可视及转弯部位可用内窥镜检查	
4.安装导体	按照图纸要求和装配顺序选取导体，检查导体外观无磕碰、划伤、突起等缺陷，用清洁无纤维裸露白布或百洁布蘸无水酒精擦拭干净，表面光洁无异物。清理后的导体立即装到母线筒内，防止造成污染。严禁擦拭完金属件再擦拭绝缘件	
5.外壳对接	（1）检查待对接间隔母线筒两端的法兰上水平螺孔距离底架下平面的高度 H 是否一致，如不一致需要首先将此高度 H 通过调整母线支座处支撑螺杆调整至符合图纸要求。 （2）外壳对接保证母线尺寸必须调整至对中，防止导体受力、磨损变形，现场安装阶段应在外部对触头位置做好标记，以防安装错位	
6.密封面螺栓紧固	对接过程测量法兰间隙距离应均匀，连接螺栓应对称初拧紧，初拧完成后应使用力矩扳手按照产品技术文件规定的力矩值将所有螺栓紧固到位，紧固后应标记漆线	

续表

工作流程	工艺 / 工作要求	标准示例
7.注意事项	（1）安装时按厂家说明书或厂家服务人员要求进行，本体间隔对接工作均在无尘封闭室内完成，GIS安装过程中应对导体插接情况进行检查，按插接深度标线插接到位，且回路电阻测试合格。（2）密封垫（圈）必须无扭曲、变形、裂纹和毛刺；密封垫（圈）应与法兰面尺寸相配合，不合格的应更换，新换的密封垫应擦拭干净；涂抹密封脂时，不得使其流入垫圈内侧而与SF$_6$气体接触	

4.3.3.3　试验套管及 GIS 附件的安装

试验套管及GIS附件的安装流程及工艺标准见表4–13。

表 4–13　试验套管及 GIS 附件的安装流程及工艺标准

工作流程	工艺 / 工作要求	标准示例
1. 避雷器、TV 等附件吊装	（1）GIS附件及套管采用GIS室屋面预留的吊环配合手扳葫芦和吊带起吊（2）避雷器、TV利用设备本身自带的吊点，采用U形环加吊带的方式进行绑扎。起吊时设备端部应绑扎控制绳，检修架辅助安装。（3）密封面、密封圈用清洁无纤维裸露白布或不起毛的擦拭纸蘸无水酒精擦拭干净，所有打开的法兰面的密封圈均必须更换。（4）起吊时，应防止一头在地面上出现拖动。吊离地面后，卸下套管尾部的保护罩，测量套管尾部长度，以保证套管插入深度，然后将套管的触头对准母线筒上的触头座，移动套管支架，使其螺孔正对套管支座的螺孔，用螺栓固定，最后用力矩扳手紧固套管支座的螺栓。	

续表

工作流程	工艺 / 工作要求	标准示例
1.避雷器、TV 等附件吊装	（5）电压互感器、避雷器必须根据产品成套供应的组件编号进行安装，不得互换，法兰间连接可靠。避雷器压力释放口安装方向合理	
2.伸缩节安装	（1）将带刻度尺侧法兰内侧调整螺母松开，调整刻度尺使 0 刻度线与法兰内侧边缘对齐，并锁紧固定，此内侧螺母松开距离应大致相同用双螺母拧紧固定位置。 （2）安装型伸缩节的螺栓在充入 SF_6 气体后不应再进行调整。温度补偿型伸缩节的螺栓应在充入 SF_6 气体后按照厂家要求调整，使其具有伸缩性，并在显著位置标明极限变形参数。 （3）伸缩节的跨接排应满足伸缩节热胀冷缩的补偿要求。 （4）安装型伸缩节采用红色标识，温度补偿型伸缩节采用绿色标识	
3.SF_6 气体密度继电器安装	（1）为便于巡视观察，密度继电器与开关设备本体之间采用引下管连接方式安装。 （2）密度继电器应靠近巡视走道安装，不应有遮挡。密度继电器安装高度不宜超过 2m（距离地面或检修平台底板）。 （3）配管检查： 1）检测原始状态：气管及自封阀表面无磕碰损伤、扭曲变形等缺陷。	

工作流程	工艺／工作要求	标准示例
3.SF$_6$气体密度继电器安装	（2）清洁过程：用不小于0.6MPa的干燥空气／氮气对管道进行不短于10s的吹扫。 （3）检测安装质量：密封圈与管道型号一致；自封阀紧固到位；管道平直美观	
4．二次施工安装	（1）GIS安装完毕后，进行汇控柜二次电缆敷设和接线施工，确保隔离开关（刀闸）、断路器能正确操作，验电回路能正确指示，二次接线、封堵工艺参照《二次电缆展放及接线方案》执行。 （2）断路器二次接线完毕后，应按厂家技术资料和标准规范进行调试，其机械性能要满足厂家规定及规范要求。断路器操作前，气室内必须充入额定压力的SF$_6$气体。 （3）二次线护套管走向合理，与机械操作部位无交叉、干涉现场，捆扎固定牢固、美观	
5.设备及支架接地	（1）GIS设备接地时应检查壳体上安装接地装置的位置（压接面）不应有漆层覆盖，否则应清理干净。底座及支架应每个间隔不少于2点可靠接地，接地引下线应连接牢固，无锈蚀、损伤、变形，导通良好。明敷接地排水平部分每隔0.5~1.5m，垂直部分每隔1.5~3m，转弯部分每隔0.3~0.5m应增加支撑件。 （2）电压互感器、避雷器、快速接地开关，应采用专用接地线直接连接到主接地网，不应通过外壳和支架接地。	

工作流程	工艺 / 工作要求	标准示例
5. 设备及支架接地	（3）GIS法兰连接处采用跨接片时，罐体上应有专用跨接部位，禁止通过法兰螺栓直连。带金属法兰的盆式绝缘子可取消罐体对接处的跨接片，但生产厂应提供型式试验依据。 （4）分相式的GIS外壳应在两端和中间设三相短接线，套管处三相汇流后不直接接地，其他位置从三相短接线上一端引出接入主接地网。三相汇流母线应与支架绝缘，电气搭接面应采用可靠防松措施	

4.3.3.4 抽真空及注气

GIS各单元的组装完毕后，应及时进行抽真空。在对GIS进行抽真空之前应了解真空泵及回收装置的正确使用方法，并按厂家要求正确连接其抽真空的管路。注入气室的气体，其含水量应符合规范要求。抽真空及注气工作流程和工艺标准见表4-14。

表 4-14　抽真空及注气工作流程和工艺标准

工作流程	工艺 / 工作要求	标准示例
1. 抽真空准备工作	（1）抽真空回收装置动作可靠，运转正常，对管路进行吹扫后方可连接GIS设备。检测合格并报审后，方可进入现场，配备专用电源箱，设置接地规范，并设专人进行巡视。	

工作流程	工艺 / 工作要求	标准示例
1. 抽真空准备工作	（2）操作步骤严格按说明书进行，特别注意的是：开机时，必须有专人看管，人走泵停，遇到紧急情况立即关闭手动阀门；停机时，必须先关闭手动阀门，然后再停机	
2. 抽真空和更换吸附剂	（1）检查密度继电器处的阀门及其他阀门处于开启位置。抽真空前，对气室吸附剂进行更换，将厂家提供的真空包装的吸附剂拆袋装入 GIS 筒体内（吸附剂的作用是吸收电弧分解物、吸收气室内残留水分）。 （2）装入吸附剂后，立即启动真空泵对安装吸附剂的气室进行抽真空，抽真空至真空度应满足厂家技术文件要求 [真空度达到 133Pa 时，再继续抽真空 0.5h，停泵 0.5h，记录此时真空度 a，再隔 5h 后测真空度 b，判断 $b-a < 133Pa$，则认为密封性能良好，继续抽真空至 133Pa 后充气，否则应进行处理并重新抽真空至合格为止（厂家要求）]。真空度测量要使用高精度电子式真空计，不能使用麦氏真空计。真空泵应设置电磁逆止阀和相序指示器。 （3）抽真空时必须有专人监护，如果真空泵由于电源中断或是其他不可预见的原因中途停泵时，应尽快关闭抽气接口处阀门，以防真空泵内润滑油进入设备内部。抽真空过程中禁止进行主回路电阻测试工作	

续表

工作流程	工艺 / 工作要求	标准示例
3．注气及密封试验	（1）SF$_6$气体在注入GIS前，应对瓶中气体做好检验，合格后方可充入。检验指标见表4-15。 （2）所有抽注气管道必须清洁干净且无杂质。充气时，SF$_6$气体瓶必须有减压阀，作业人员必须站在气瓶的侧后方或逆风处，并戴手套和口罩，防止瓶嘴一旦漏气造成人员中毒。 （3）SF$_6$气体的充入要在抽真空压力值最终完成后的2h内进行；充气时，充气压力不宜过高，应使压力表指针不抖动缓慢上升为宜，应防止液态气体充注入GIS内。 （4）充气时，环境温度较低时可采取瓶体外加热方式（比如专门的加热套、热水等，严禁直接用火烧烤瓶体）加快充气速度。 （5）将各气室充到符合厂家规定的气体压力值后停止注气。 （6）用灵敏度不低于10^{-6}（体积比）的六氟化硫气体检漏仪对外壳焊缝、接头结合面、法兰密封、转动密封、滑动密封、表计接口处等部位进行检漏，检漏方法可采用局部包扎法，保持24h后测量包扎空间内SF$_6$气体浓度≤15μL/L（厂家要求），年漏气率不大于0.3%	

表 4-15　气体检验指标

项目	单位	指标
六氟化硫	%（m/m）	≥99.8
空气	%（m/m）	≤0.05
四氟化碳	%（m/m）	≤0.05

项目	单位	指标
水分	10^{-6}（m/m）	≤8
酸度（以HF计）	10^{-6}（m/m）	≤0.3
可水解氟化物（以HF计）	10^{-6}（m/m）	≤1.0
矿物油	10^{-6}（m/m）	≤10
毒性	—	无毒

4.3.3.5 调试试验

调试试验工作流程及工艺标准见表4-16。

表 4-16 调试试验工作流程及工艺标准

工作流程	工艺 / 工作要求	标准示例
1. 主回路电阻测量	（1）间隔之间的主回路电阻应按厂家指定的位置检测，并符合厂家要求，带有TA和TV的气室应完成常规试验。 （2）采用直流压降法给每一被测试区间部位通入50~100A直流电流，测量回路两端之间的直流电阻。标准：不超过出厂计算值的1.2倍	
2. 主回路绝缘电阻测量	为检查整个GIS本体内是否有短路或接地现象，尽早发现电器设备导电部分绝缘缺陷，使用2500V以上兆欧表对GIS本体一次部分进行测量。电子绝缘电阻测试仪或手动兆欧表，按兆欧表中说明控制摇柄速度（一般在工频耐压前后和送电前进行）。测量前先将兆欧表进行一次开路和短路试验，检查仪器是否良好。标准：对地应大于2000MΩ以上	

续表

工作流程	工艺 / 工作要求	标准示例
3.注气及密封试验	（1）应检查充入 GIS 内的 SF_6 气体可按有关规定核验，其含水量应符合规范要求。 （2）SF_6 气体含水量测量必须在充气至额定气体压力下静置 24h 后进行，SF_6 气体含水量标准应按制造厂标准。所用检测仪器必须经检验合格。 注入 GIS 后的 SF_6 气体含水量必须符合下列要求： 1）断路器气室含水量＜ 150μL/L（充气 24h 后 20℃ 测量） 2）其他气室含水量＜ 250μL/L（充气 24h 后 20℃ 测量） 3）注入 GIS 后的 SF_6 气体额定压力值必须合格，应符合下列要求：断路器气室压力 0.62MPa（20℃）；其他气室压力 0.58MPa（20℃） （3）检查充入 GIS 内的 SF_6 气体可按有关规定核验，其含水量应规范要求，纯度要大于 99.9%，超标者不得使用	
4.电流互感器	（1）用感应极性冲击方法检查电流互感器一次绕组所标的 P1 与二次绕组所标的 S1 出线端子，在同一瞬间是否具有同一极性。标准：一次 P1 流向 P2 方向与二次 S1 流向 S2 方向极性一致。 （2）检查已装好的电流互感器变比是否符合设计要求。试验中应注意的问题：①额定变比 $K=I_1/I_2$，其中 I_1 为一次电流，I_2 为二次电流；②在同一相未被测量的电流互感器二次应短接并可靠接地。 （3）检查电流互感器伏安特性是否符合设计要求	

续表

工作流程	工艺 / 工作要求	标准示例
5.电压互感器	（1）用感应极性冲击方法检查电压互感器一次绕组与二次绕组出线端子字母标志，在同一瞬间是否具有同一极性。 （2）用交流大电压发生器检查已装好的电压互感器变比是否符合设计要求。 （3）用电压互感器励磁特性测量仪检查已装好的电压互感器励磁特性是否符合设计要求。试验时应将电压互感器一次绕组的末端出线端子可靠接地，其他绕组开路	
6.避雷器	（1）使用500~1000V手动摇表对避雷器放电计数器进行检查，验证已装好的避雷器放电计数器是否可靠动作。 （2）用避雷器交流泄漏电流测量仪检查已装好的避雷器交流泄漏电流是否满足技术要求。阻性泄漏电流应小于0.25mA	
7.耐压及局放试验	（1）采用30~300Hz的变频谐振交流耐压试验装置进行耐压及局部放电试验，利用串联谐振原理在被试设备上产生高电压。GIS设备应在预留 #3 主变 F10 出线引出套管，能满足本次试验要求。由于该工程线路 TV、母线 TV，试验分为三个阶段进行。试验之前应测量 GIS 各个气室微水含量符合标准；试验应在天气良好，空气相对湿度不宜高于80%的条件下进行；被试设备的断路器、隔离开关均能就地电动操作。SF_6 组合电器应已完成下列检查和常规试验，且试验数据合格：所有设备安装完毕，设备外观检查完好无缺陷；主回路绝缘电阻测试合格；充 SF_6 气体到额定压力，密封性试验和微水含量测量合格。	

续表

工作流程	工艺 / 工作要求	标准示例
7.耐压及局放试验	（2）第一阶段试验内容为TV老炼试验。由于进线间隔及母设间隔都有单独的TV，逐级升压时，在低电压可以保持较长的时间，在高电压下不允许长时间耐压。首先，选择从预留#3主变F10套管处加压，升压至1.0倍设备额定相对地电压72.5kV，检查所有电压互感器变比是否正确，检查完成后，电压降至零，断开电源。 （3）第二阶段试验内容为设备主回路交流耐压试验。设备主回路交流耐压试验分为老炼试验和耐压试验两个步骤。首先进行老炼试验，升压至72.5kV保持5min无异常，检查带电显示装置指示的正确性，检查母线电压互感器变比是否正确。分开母设、线路、主变间隔TV刀闸，拆除带电显示器并短接接地后继续升压至$\sqrt{3}$倍额定相对地电压（U_m）126kV，并保持3min。无异常后电压升到现场交流耐压值230kV，保持1min，然后降压至$1.2U_m/\sqrt{3}$保持5min。 （4）第三阶段试验内容为进线TV的老练试验。需在主回路交流耐压结束之后，安装线路TV连接导杆。待线路TV间隔微水测试合格后进行线路TV老炼试验。 （5）耐压试验时应按厂家及规范标准进行，无击穿情况发生并试验合格	

127

4.4 常见问题及控制措施

常见问题及控制措施见表4-17。

表 4-17 常见问题及控制措施

序号	常见问题	原因分析	控制措施
1	工频耐压不合格	（1）内部清洁度不达标，装配时壳体内有异物，异物附着于壳体或者屏蔽体表面，在充入SF_6气体时产生气流扰动或者在电场作用下漂浮到电场集中位置，异物附着于壳体或者底部水平盆子。 （2）设备在运输过程中的机械振动、撞击等可能导致GIS元件或组装件内部紧固件松动或相对位移。 （3）安装过程中，在连接、密封等工艺处理方面可能失误，导致电极表面刮伤或安装错位引起电极表面缺陷。 （4）空气中悬浮的尘埃、导电微粒杂质和毛刺等在安装现场又难以彻底清理	（1）户内GIS安装的房间内装修工作完成，门窗、孔洞封堵完成，房间内清洁，通风良好，地面应安装气体监测报警装置，经验收合格后施工。 （2）所有进入防尘室的人员应穿戴专用防尘服、室内工作鞋（或鞋套）。 （3）GIS现场安装工作应在环境温度-10~40℃之间、空气相对湿度小于80%、洁净度在百万级以上的条件下进行。 （4）GIS出厂运输时，在断路器、隔离开关、电压互感器、避雷器上加装三维冲击记录仪，冲击记录仪的数值应满足制造厂要求且最大值不大于3g，厂家、运输、监理、业主、物资、运检等部门签字齐全完整，原始记录复印件随原件一并归档。 （5）卸货时避免剧烈冲击，按照装配的先后顺序放置
2	SF_6微水超标	（1）SF_6气体新气的水分不合格。	（1）SF_6气瓶放置在阴凉干燥、通风良好地方，防潮防晒，并不得有水分或油污粘在阀门上，未经检验合格的SF_6新气气瓶和已检验合格的气体气瓶应分别存放，以免误用。

序号	常见问题	原因分析	控制措施
2	SF₆ 微水超标	（2）气室充气操作时带入水分。充气操作时，未按有关规程和工艺要求进行操作，管路、接口未进行干燥，气室暴露在空气中时间过长等。 （3）绝缘件带入水分。 （4）吸附剂带入水分。 （5）缺失吸附剂或失效。 （6）充气口、管路接头、法兰、铝铸件、防爆膜等密封泄漏点处渗入水分	（2）加强密封效果，减少 SF_6 气体的漏气量，减少外界水分进入 SF_6 断路器中。采用高效吸附剂，使用前进行活化处理，安装时尽量缩短暴露于大气中的时间，减少吸附剂自身带入的水分。 （3）充气操作应在晴朗干燥天气进行，并提前对充气管路进行干燥处理，对于长时间不用的管路应进行烘干处理。充气的管子必须用聚四氟乙烯管，并确保管子内部干燥，无油无灰尘，充气前用新的 SF_6 气体进行冲洗
3	SF₆ 气体泄漏	（1）起吊的方式不合理，安装过程中没有使用准确的工具，造成设备容易出现结构损失问题。密封垫的安装位置出现偏移，螺丝松动，扭力不足等。 （2）安装完毕后填充气体，没有用检漏仪检测设备的密封性能。 （3）在恶劣的外在环境下完成安装，安装完毕后没有抽真空，造成设备内存有水分	（1）气室抽真空前，所有打开气室内的吸附剂必须更换；吸附剂罩的材质应选用不锈钢或其他高强度材料，结构应设计合理。 （2）气体充入前应按产品的技术规定对设备内部进行真空处理，真空残压及保持时间应符合产品技术文件要求。 （3）真空泄漏检查方法应按产品说明书的要求进行。 （4）SF_6 气体充注前，必须对 SF_6 气体抽样送检，抽样比例及检测指标应符合 GB/T 12022—2014 的要求。现场测量每瓶 SF_6 气体含水量，应符合规范要求。 （5）充入 SF_6 气体时，应根据两侧压力表的读数逐步增压。相邻气室的气室压差应符合产品技术要求。气瓶温度过低时，可对气瓶进行加热。充气至略高于额定压力后，应在表计上画标记线

第 5 章

开关柜安装施工标准化安全管控

5.1 开关柜安装流程

开关柜安装流程如图 5-1 所示。

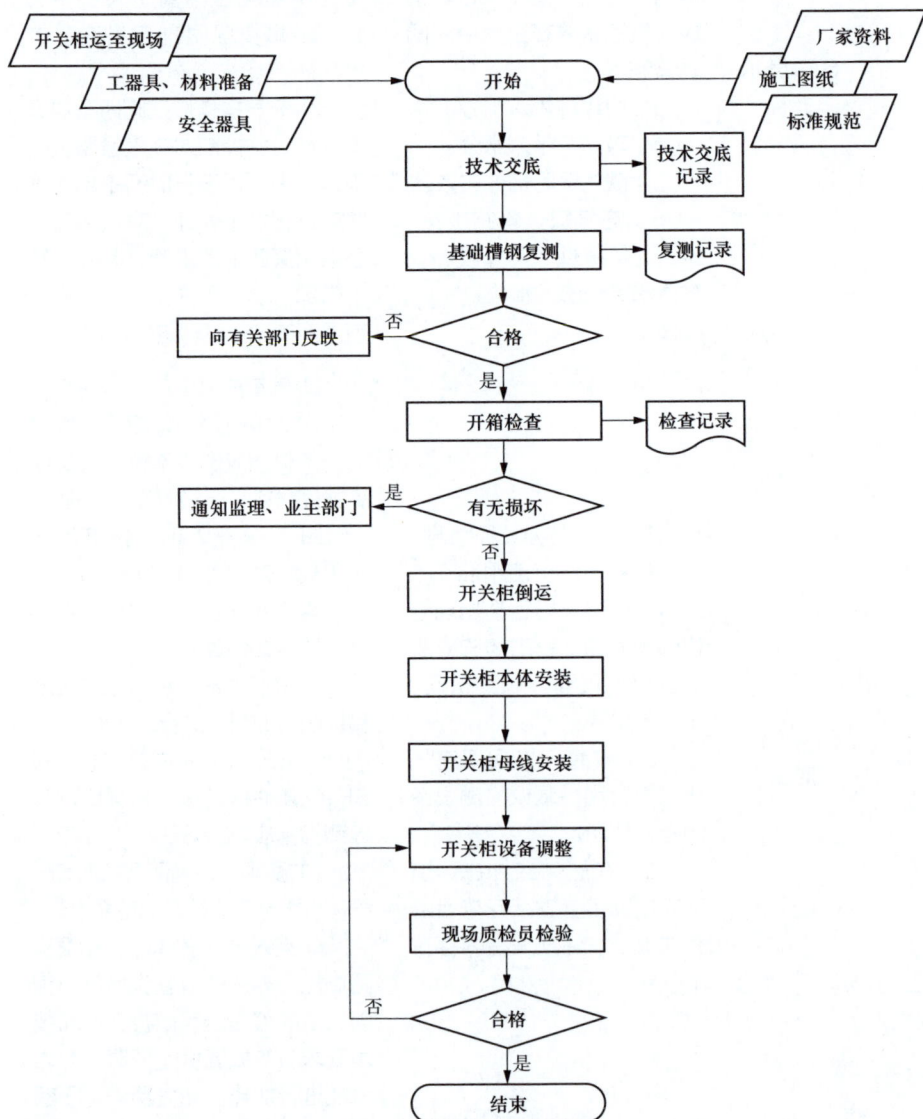

图 5-1 开关柜安装流程

5.2　开关柜安装准备工作

5.2.1　现场勘察测量

规范开展土建交电气标准化转序，做到安装无土化施工。勘察组对变电站室内外电缆沟、10kV开关室等工作场地进行勘察，重点勘察10kV开关柜安装位置及尺寸、电缆通道、运输通道、室内装修、门窗、孔洞封堵、房间内清洁等情况。

开关柜室现场勘察与运输通道如图5-2所示。

图 5-2　开关柜室现场勘察与运输通道

5.2.2　组织措施制定

5.2.2.1　人员组织

人员组织如图5-3所示。

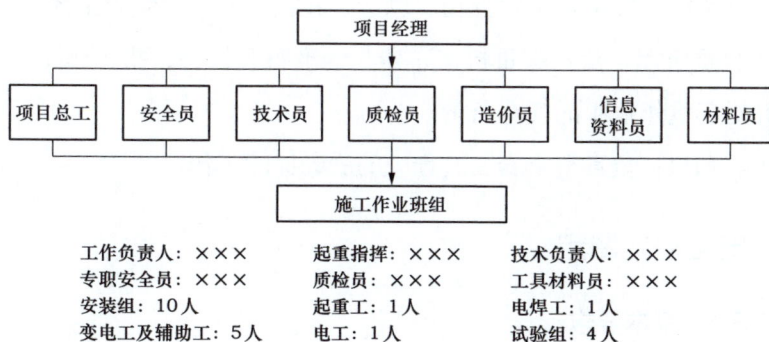

图 5-3　人员组织

5.2.2.2 施工人员职责

5.2.2.2.1 施工项目部人员职责

（1）项目经理：全面负责开关柜安装施工的组织和协调工作，并对整个施工过程中的安全、质量、进度、物资和文明施工负责。

（2）技术负责人：负责技术准备和现场技术交底，参与开关柜进场检查和附件清点，深入现场指导施工，及时发现和解决施工中出现的技术问题。对施工措施执行情况和质量检验工作进行监督和指导，对施工质量在技术上负责。

（3）质检员：熟悉图纸并掌握有关标准规范和程序文件。负责检查、监督施工过程中的质量保证、检验及数码照片采集工作。

（4）安全员：负责安装全过程中的安全监督，协助组织施工前的安全检查和安全教育。

5.2.2.2.2 施工班组人员职责

（1）施工班组长：负责完成本作业组内的各项工作任务，并负责对本作业组成员的安全监护。配合质检工作，负责施工记录的填写。

（2）作业组成员：负责施工所需工器具材料的准备，按照图纸、规范、厂家资料、措施和安全技术交底等要求，完成组长分配的各项施工任务，及时主动地向作业组长反映安装中发现的安全、质量隐患和技术问题。施工人员应有丰富开关柜安装、调试工作经历，技术熟练，工作认真，对设备较为熟悉，在施工前应认真熟悉图纸、施工方案及现场作业环境情况。

（3）开关柜安装组：负责拆箱、倒运、并柜、母排安装等工作。

（4）起重指挥：负责起重机械、器具的准备和检验，指挥施工中的起重作业，并对起重作业中的安全负责。

（5）后勤组：负责整个安装过程中的后勤保障工作。

5.2.3 安全措施制定

5.2.3.1 基本要求

基本要求见表5-1。

表 5–1　基本要求

序号	基本要求	安全措施
1	施工队伍的要求	分包队伍应根据工作性质，检查其营业执照、承装（修、试）电力设施许可证、建筑企业资质证、安全生产许可证、施工劳务资质证等资信真实、有效
2	人员准入的要求	（1）进入施工现场的所有施工人员准入合格，经过安全教育、安全技术交底合格后，方能进入现场进行施工，特种作业人员必须经过专业技术培训及专业考试合格，持证上岗。 （2）进入现场施工人员必须正确穿戴安全防护用品，严禁酒后进入施工现场，施工现场禁止吸烟。 （3）特种作业人员必须持证上岗，禁止无证作业
3	大型机械的要求	（1）设备吊装时，必须认真执行操作规程和吊装方案。 （2）吊车、叉车进场前，应进行进场报验，经批准后方可进场。同时需要经检验检测机构检验合格，并在特种设备安全监督管理部门登记
4	防触电要求	（1）进入施工现场，施工人员必须正确佩戴安全帽及正确使用安全用品，衣装整齐，严禁穿拖鞋、凉鞋及高跟鞋，严禁酒后进入施工现场，施工现场禁止吸烟。 （2）施工用电应严格遵守安全规程，实现三级配电二级保护，"一机一闸一保护"。总配电箱及区域配电箱的保护零线应重复接地，且接地电阻不大于10Ω。 （3）电焊机、电源盘柜、电动机具外壳必须用多股软铜线进行可靠接地。电焊机外壳接地时其接地电阻不得大于4Ω。 （4）焊接工作人员必须穿电焊工作服、使用面罩等劳动保护用品。 （5）焊接施工场地应有防风、防雨措施，周围无易燃、易爆物品，并配有消防器材。 （6）电动开关不可离操作者太远，作业人员离开现场时，必须断开机具电源。 （7）二次屏柜带电后应在柜门上悬挂"当心触电"警示牌，并将带电侧柜门上锁，钥匙由专人保管

5.2.3.2　常见危险点及控制措施

常见危险点及控制措施见表5–2。

表 5-2　常见危险点及控制措施

序号	工序	风险因素	控制措施
1	吊装、搬运与开箱	机械伤害 物体打击	（1）使用吊车卸车搬运时，吊车司机和起重指挥人员必须持证上岗。开关柜、手车断路器应分开独立搬运，在转运车辆运输时应采取牢固的绑扎固定和防倾倒措施。 （2）车的行驶速度应小于 15km/h，车辆行驶过程中，车上开关柜、手车断路器等设备平稳。 （3）吊装过程中应设专人指挥，指挥人员应站在能全面观察到整个作业范围及吊车司机和司索人员的位置，对于任何工作人员发出紧急信号，必须停止吊装作业。吊车应停放在空旷平整的地面；吊车支腿不应放置在电缆沟盖板、电缆井盖板等易断裂物体上且支腿距离电缆沟（电缆井）边缘不小于 1.5m。 （4）开关柜、手车断路器应从专用吊点起吊，当无专用吊点时，在起吊前应确认绑扎牢靠，防止在空中失衡滑落。 （5）起吊应缓慢进行，离地 100mm 左右应停止起吊，使吊件稳定后，指挥人员检查起吊系统的受力情况，确认无问题后方可继续起吊。禁止与工作无关人员在起重工作区域内行走或停留，作业人员不可站在吊件和吊车臂活动范围内的下方；在吊件距就位点的正上方 200~300mm 稳定后，作业人员方可开始进入作业点。 （6）确认所有绳索从吊钩上卸下后再起钩，不允许吊车抖绳摘索，更不允许借助吊车臂的升降摘索。 （7）开箱作业人员相距不可太近，作业人员应相互协调，严禁野蛮作业，防止损坏设备，及时清理外包装，避免造成人身伤害。 （8）开关柜、手车断路器使用叉车、液压叉车、地牛、滚杆等工具搬运时应做好防倾倒伤人安全措施。开关柜搬运前应检查运输路线地面是否平整，高压室门口若无吊装平台应搭设临时吊装平台，平台应牢固，且与高压室地面平齐。 （9）开箱时，正确使用撬棍、手锤等工器具，避免损坏设备

续表

序号	工序	风险因素	控制措施
2	开关柜本体就位安装	机械伤害 物体打击 触电伤害 高处坠落 火灾隐患	（1）工作前，操动机构应充分释放所储能量。 （2）安装就位时，应有防脱落措施，避免机械伤害。 （3）开关柜使用叉车、液压叉车、地牛、滚杆等工具安装就位时应做好防倾倒、挤压伤人的安全措施。 （4）开展电焊、打磨等作业前，应在作业面附近配备消防器材。 （5）施工区周围的孔洞应采取措施可靠遮盖，防止人员摔伤。 （6）开关柜柜顶上的作业人员应有防护措施，防止从柜顶坠落
3	母线桥加工、安装	触电伤害 机械伤害 物体打击 高处坠落	（1）母线桥加工时，操作人员必须确认电源及电动机具的完好性。 （2）使用切割机、弯排机、冲孔机等电动工具，其外壳必须接地可靠牢固，电源必须有漏电保护。 （3）安装过程中应设专人指挥，不得在母线桥拆装活动范围内的下方停留和通过。 （4）作业人员宜站在脚手架搭设的平台上作业。 （5）地面工作人员不得站在可能坠物的母线桥下方。 （6）高处作业人员必须系好安全带和水平安全绳，地面应设专人监护
4	母线、绝缘件及穿墙套管等安装	高处坠落 物体打击 火灾隐患 触电伤害	（1）拆除绝缘件及穿墙套管等附件的包装时，作业人员必须认真仔细，防止拆箱过程中损坏绝缘件及穿墙套管等附件，同时还应及时清理外包装，避免造成人身伤害。 （2）开展电焊、打磨等作业前，应在作业面附近配备消防器材，并应设专人进行监护，避免引发火灾或设备损坏。 （3）支吊架焊接操作前，焊工必须佩戴面罩、防护手套、防护服、鞋套，做好安全防护措施，防止灼伤。 （4）焊接设备电源必须有漏电保护。 （5）作业人员宜站在脚手架搭设的平台上作业。

续表

序号	工序	风险因素	控制措施
4	母线、绝缘件及穿墙套管等安装	高处坠落 物体打击 火灾隐患 触电伤害	（6）采用人力吊装绝缘件及穿墙套管等附件时，应防止磕碰造成附件损坏。 （7）地面工作人员不得站在可能坠物的安装附件的下方。 （8）高处作业人员必须系好安全带和水平安全绳，地面应设专人监护
5	手车式开关柜断路器安装	机械伤害 物体打击 触电伤害	（1）开关操动机构作业前，应充分释放所储能量。操作机构传动时应相互呼应，防止机械伤人。 （2）搬运时应有防脱落措施，避免机械伤害。 （3）手车式开关隔离挡板保持封闭，并设置明显的警示标志。 （4）二次回路作业时应使用合格的绝缘工器具，防止低压触电、交直流接地或者短路
6	调试验收	触电伤害 机械伤害 物体打击	（1）存在倾倒的风险手车式TV柜等重心偏高、偏前开关柜，在拉出或转移过程中应重点检查柜前地面平整无异物，如果绝缘垫可能阻碍手车移动使其存在倾倒风险时，应在操作前将绝缘垫移除。手车行进路线上应无可能导致手车前倾或侧翻的沟盖板缝隙。提前对柜前破损地面、绝缘垫、沟盖板进行修补或更换。 （2）对手车式TV、主进、母联等重量较重，重心偏高、偏前存在倾倒风险的手车，在拉出或转移过程中要单独设置专职监护人员，密切监视手车状态和人员站位情况，发现异常及时制止和提醒。 （3）开关柜手车操作过程中应缓慢谨慎，严禁用力过猛。手车从带坡度的轨道滑下时，应由拉改推，控制好行进速度。设置辅助操作人员时，操作人员和辅助操作人员应尽量避免站在手车行进的正前方，并提前考虑好撤离路线，防止手车加速脱出撞伤人员。 （4）操作有导轨的开关柜手车前，应将导轨位置对正放置，并检查导轨可靠闭锁，防止拉出过程中导轨发生移动。 （5）中置式手车平台操作时应注意准确对位，高度与开关柜手车一致并可靠闭锁。手车拉出后，应与平台可靠闭锁后再进行整体移动。

续表

序号	工序	风险因素	控制措施
6	调试验收	触电伤害 机械伤害 物体打击	（6）开关柜手车由试验位置拉至检修位置前，应取下二次线缆插头，防止手车在向检修位置操作过程中被二次线缆拉拽倾倒。 （7）在调整手车断路器传动装置时，严格按照标准进行，将机构充分释能，防止断路器意外脱扣伤人，做好监护。 （8）机构调试验收前，应拉开储能电源，将机构储能压力释放，防止伤及人员。 （9）检修调整机械闭锁装置时暂停其他作业。 （10）电动调整及远方传动操作时应确认作业人员与危险部位保持安全距离
7	手车式开关柜连锁检查	触电伤害 物体打击	（1）断开与开关柜相关的各类电源并确认无电压。 （2）工作期间，禁止随意解除闭锁装置
8	交接试验	高处坠落 机械伤害 触电伤害	（1）现场再次核查开关柜结构，重点核查母线与开关柜接线情况，针对不同段紧邻布置的开关柜及分段联络开关柜，采取针对性安全措施加以隔离。 （2）开关柜设备试验工作不得少于2人；试验作业前，必须规范设置安全隔离区域，向外悬挂"止步，高压危险！"的标示牌，并派人看守。被试设备两端不在同一地点时，另一端还应派人看守，严禁非作业人员进入。设备试验时，应将所要试验的设备与其他相邻设备做好物理隔离措施。 （3）检修试验电源应从试验电源屏或检修电源箱取得，严禁使用绝缘破损的电源线；用电设备与电源点距离超过3m的，必须使用带漏电保护器的移动式电源盘；试验设备和被试设备应可靠接地，设备通电过程中，试验人员不得中途离开。工作结束后应及时将试验电源断开。 （4）装、拆试验接线应在接地保护范围内，戴线手套，穿绝缘鞋。在绝缘垫上加压操作，与加压设备保持足够的安全距离。 （5）更换试验接线前，应对被试设备充分放电。 （6）高处作业应正确使用安全带，作业人员在转移作业位置时不准失去安全保护

5.2.4　技术措施制定

5.2.4.1　技术交底

（1）设计交底：业主组织设计、监理和施工对10kV开关柜安装进行设计交底，熟悉设计图纸及技术资料，交底本工程10kV开关柜安装的特点、施工方法和工艺要求，如图5-4所示。

图 5-4　设计交底

（2）项目部交底：项目中心和施工项目部组织安装班组骨干员工、核心技术人员，进行10kV开关柜进场前的工作安排和技术交底。

（3）班组交底：技术负责人参照图纸、工程量清单等信息，熟悉10kV开关室设备基础布置情况，了解开关柜位置，确定就位安装顺序，按系统接线图、平面布置图核对到场开关柜的种类、编号等，编制施工方案和技术交底，施工前向班组人员做安全技术交底，同时做好交底记录。

项目部交底和班组技术交底如图5-5所示。

图 5-5　项目部交底与班组技术交底

5.2.4.2　设备安装前现场准备

本着合理节约空间、安全文明使用场地原则，安装前需备齐所需要的工器具和材料，对使用的施工机具、电源箱进行合理的摆放，现场电缆沟、物料存放区设置围栏、悬挂警示标牌以有利于施工现场管理及符合安全文明施工要求。设备及附件定点堆放、整齐规范，放置时应平稳，应有防倾倒措施。对于防雨、防尘要求的设备，还要有防雨、防尘措施。

基础槽钢允许偏差：不直度小于 1mm/m，全长小于 5mm；水平度小于 1mm/m，全长小于 5mm。位置误差及不平行度小于 5mm；基础型钢顶部标高在产品技术文件没有要求时高出抹平地面 10mm。

施工现场复勘如图 5-6 所示。

图 5-6　施工现场复勘

5.3　开关柜安装技术及工艺

5.3.1　工器具及材料配备

5.3.1.1　机械及工器具

现场安装主要工器具见表 5-3。

表 5-3　现场安装主要机械及工器具

序号	名称	规格	单位	数量	备注
1	吊车	25t	辆	1	
2	叉车	3t	辆	1	

续表

序号	名称	规格	单位	数量	备注
3	水平仪	DS3	台	1	配塔尺
4	经纬仪	J2-2	台	1	
5	吊带	—	对	2	
6	撬棍	—	根	4	
7	绝缘卷尺	10m	把	1	
8	水平尺	1m	根	2	
9	梅花扳手	14~32	套	2	
10	开口扳手	10-12、17-19、24-27	套	2	
11	活动扳手	10寸、12寸	把	各1	
12	移动电源盘	35m	个	2	
13	断线钳	YJ-40	把	1	
14	斜口钳	SHP-D160	把	各2	
15	剥线钳	—	把	2	
16	螺丝刀	8mm、10mm、12mm	把	各2	
17	钢丝刷	—	把	3	
18	电焊机	—	台	1	

5.3.1.2 试验设备

现场主要试验设备见表5-4。

表 5-4 现场主要试验设备

序号	名称	参考规格	数量	备注
1	绝缘电阻测试仪	—	1套	
2	工频耐压试验设备	HDSR-F-Y30	1套	
3	干湿度计	—	1个	
4	机械特性测试仪	HDKC-700	1台	

序号	名称	参考规格	数量	备注
5	回路电阻测试仪	AI6310LC	1台	
6	直流稳压电源	—	1台	
7	万用表	—	2个	
8	继电保护测试仪	PW4661E	1台	

5.3.2 开关柜安装

5.3.2.1 开关柜本体安装

开关柜整体就位后，柜与柜之间用螺栓连接，螺栓应露出螺母2~3扣。柜体与基础槽钢固定可采用螺栓连接或点焊。开关柜成列安装时，应在同一轴线上，如图5-7所示。

图 5-7　开关柜本体安装

5.3.2.2 开关柜母线安装

开关柜母线安装如图5-8所示，步骤如下：

（1）检查。母线应按工程材料及设备进场的相关规定进行验收，母线表面应光洁、平整、竖直，不得有变形、裂纹、毛刺，热塑管不允许有开裂、划伤等现象。

（2）预拼装。由于母线很多，一部分为双片母线，安装前应根据母线上的编号确定母线的位置。可以先将母线放在柜前，把整列母线依次按实际位置进行摆放，再对母线上的螺孔进行核查，保证螺栓孔的尺寸、位置与柜内连接处一一对应。

（3）安装。预拼完成后就可以进行柜内的组装，此过程中要注意在穿母线时避免母线上的绝缘护套刮损，影响绝缘。母线的安装应按母线的验收规范进行施工，注意螺栓的平垫、弹垫，螺栓的力矩等。施工时一定要注意施工人员所携带的小工具、螺栓、螺帽等小件，防止从高压柜柜缝掉入高压柜内。如果不慎掉入高压柜内应及时找到，并将其取出。

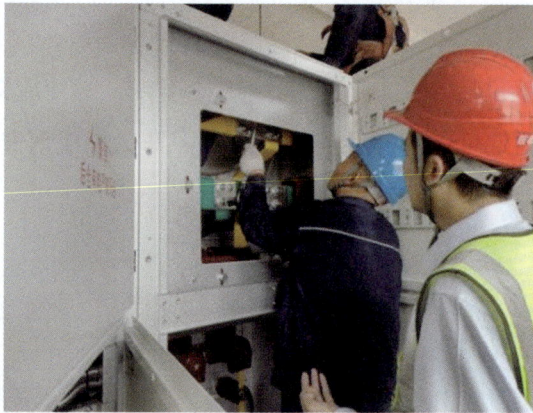

图 5-8　开关柜母线安装

5.3.2.3　母线筒安装

母线筒安装如图 5-9 所示，按照以下工艺流程和标准进行：

（1）在开关柜就位完成后，应及时协调厂家现场测量母线筒实际长度，并要求厂家及时发至现场。

（2）在安装前应核对预埋件及预埋孔符合设计要求，预埋件应固定牢固。

（3）母线筒在搬运及安装时应采取防振、防潮、防止框架变形和漆面受损的保护措施。

（4）母线筒起吊安装时，应使用软质吊带，以免损伤面漆。

（5）使用开关室顶上的吊点起吊母线筒，如开关室顶上未设置吊点时，则采用钢管及扣件搭设起吊架，使用起吊架配合链条葫芦对母线筒进行提升。

（6）600A及以上穿墙套管端部的金属夹板应采用非磁性材料（紧固件除外）。

（7）母线筒外壳接地应良好，对接处应做好接地跨接。

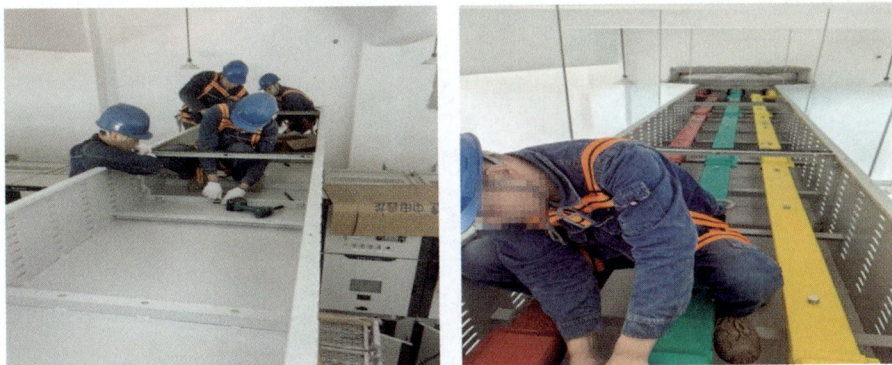

图 5-9　母线筒安装

5.3.2.4　母线筒内母线安装

母线筒内母线安装如图5-10所示，按照以下工艺标准进行：

（1）开关柜母线应按照厂家安装说明书及成套供应的母线各段的标志（相序、编号、方向）进行安装。

（2）母线表面应光洁平整，连接接触面应保持清洁，并应涂以电力复合脂。

（3）母线平置时，贯穿螺栓应由下往上穿，螺母应在上方，其余情况下，螺母应置于维护侧，螺栓长度宜露出螺母2~3扣。

（4）螺栓与母线紧固面间均应有平垫圈，母线多颗螺栓连接时，相邻螺栓垫圈间应有3mm以上的净距，螺母侧应装有弹簧垫圈或锁紧螺母。

（5）母线固定金具与支柱绝缘子间的固定应平整牢固，不应使其所支持的母线受到额外应力。

（6）母线连接处的钻孔与螺栓应满足规范要求。

（7）母线安装时应检查母线相间距离及对地距离是否满足《电气装置安装工程 母线装置施工及验收规范》（GB 50149—2016）中表3.1.14-1的规定。如不能满足要求，及时与设计单位和设备厂家联系，采取增加绝缘隔板等方法进行解决。

（8）母线与柜内设备及套管连接时，不应使接线端子承受过大的应力。

（9）根据施工图纸核对开关柜内主母线、各开关柜内母线筒内母线的相序正确，特别注意主变开关柜相序与出线开关柜相序排列顺序。

（10）遇到母线需现场加工时，母线加工应符合 GB 50149—2016 中硬母线加工的有关要求。

图 5-10　母线筒内母线安装

5.3.2.5　开关柜设备调试

开关柜设备调试按照以下工艺流程与标准进行：

（1）手车的推拉应灵活轻便，无卡阻、碰撞现象；具有相同额定值和结构的组件，应检验具有互换性。

（2）机械闭锁、电气闭锁应动作准确、可靠和灵活，具备防止电气无操作的"五防"功能（即防止误分、合断路器，防止带负荷分、合隔离开关，防止接地开关合上时或带接地线送电，防止带电合接地开关挂接地线，防止误入带电间隔等功能）。

（3）安全隔板开启应灵活，并应随手车的进出而相应动作。

（4）手车推入工作位置后，动触头顶部与静触头底部间应符合产品技术文件要求。

（5）动触头与静触头的中心线应一致，触头接触应紧密。

（6）手车与柜体间的接地触头应接触紧密，当手车推入柜内时，其接地触头应比主触头先接触，拉出时接地触头应比主触头后断开。

（7）手车的二次回路连接插件（插头与插座）应接触良好，并有锁紧措施；插头与开关设备应有可靠的机械连锁，当开关设备在工作位置时，插头应拔不出来；其同一功能单元、同一种型式的高压电器组件插头的接线应相同，能互换使用。

（8）仪表、继电器等二次元件的防振措施应可靠。控制和信号回路应正确，并应符合现行国家标准《电气装置安装工程 盘、柜及二次回路结线施工及验收规范》（GB 50171—2012）的有关规定。

（9）螺栓应紧固，并应具有防松措施。

（10）调整隔离开关动静触头插入深度，使之符合规范和厂家安装说明书的要求，隔离开关分合要到位并操作轻便。

（11）调整隔离开关合闸同期满足规范要求。

（12）对柜内机械闭锁进行如下检查：①断路器手车未摇到位断路器应无法分合；②断路器合闸时手车无法进出；③地刀未合上后柜门应无法打开；④主刀与地刀之间相互闭锁等。

（13）电动手车安装时，电动进出过车无卡阻，分合到位。

5.3.2.6 开关柜设备试验

开关柜设备试验按照以下工艺进行：

（1）断路器的绝缘电阻、回路电阻、特性试验及低电压、三相同期等试验均满足交接试验规程。

（2）互感器励磁特性试验，通过对同一台电流互感器的不同时间的试验结果进行比对，两者间无明显差异，两次测试曲线基本重合，则判断其试验结果合格。

（3）避雷器泄漏电流试验，避雷器漏电标准为在0.75mA下泄漏不大于50μA。泄漏电流可以反映避雷器的绝缘情况，是运行电压下判断避雷器好坏的重要手段。

（4）耐压测试是检验电气设备、电气装置、电气线路和电工安全用具等承受过电压能力的主要方法之一，分为工频耐压试验和直流耐压试验两种。试验电压固体有机绝缘为36kV 1min，纯瓷42kV 1min，如附带其他电气设备，应按设备的最低电压来选择试验电压。

5.3.3 质量措施与工艺标准

5.3.3.1 质量通病防治要求

开关柜成列安装时，应在同一轴线上，且其垂直度、水平偏差以及柜面偏差和柜间接缝的允许偏差应符合表5–5要求。

表 5–5 开关柜安装允许偏差表

项目		允许偏差
垂直度		<1.5mm/m
水平偏差	相邻两柜顶部	<2mm
	陈列柜顶部	<2mm
柜面偏差	相邻两柜边	<1mm
	成列柜面	<1mm
柜间接缝		<2mm

5.3.3.2 开关柜安装强制性条文要求

（1）施工单位应遵守有关环境保护的法律法规，并应采取有效措施控制施工现场的各种粉尘、废弃物、噪声、振动等对周围环境造成的污染和危害。

（2）施工测量及检查用的仪器、仪表、量具等，必须采用合格产品并在校验有效期内使用。

（3）成套柜的安装应保证机械闭锁、电气闭锁动作准确可靠。

（4）手车式柜的安装应保证机械闭锁、电气闭锁动作准确可靠。

（5）成套柜的接地母线应与主接地网连接可靠。

（6）开关柜的金属框架和底座均应可靠接地。

5.3.4 标准工艺要求

5.3.4.1 开关柜安装

（1）柜体底座与基础槽钢用螺栓连接牢固，接地良好，可开启柜门用软铜导线可靠接地。

（2）柜面平整，附件齐全，门销开闭灵活，照明装置完好，柜前后标识齐全、清晰。

（3）柜体垂直度误差小于1.5mm/m；相邻两柜顶部水平度误差小于2mm，成列柜顶部水平度误差小于5mm；相邻两柜面误差小于1mm，成列柜面误差小于5mm，相间接缝误差小于2mm。

（4）柜内电源侧进线接在进线侧，负荷侧出线应接在出线端（即可动触头接线端）。

（5）母线平置时，贯穿螺栓应由下往上穿，螺母应在上方；其余情况下，螺母应置于维护侧，连接螺栓长度宜露出螺母2~3扣。

5.3.4.2 制作流程及工艺标准

开关柜安装工作流程及工艺标准见表5-6。

表 5-6 开关柜安装工作流程及工艺标准

工作流程	工艺／工作要求	标准示例
1．吊装、搬运与开箱	（1）开关柜柜体包装完好，拆包装检查面板螺栓紧固、齐全，表面无锈蚀及机械损伤，密封应良好。 （2）绝缘件包裹完好，拆包装检查无受潮，外表面无损伤、裂痕。 （3）接地手车包装完好，拆包装检查接地手车外观完整。 （4）检查母线包装箱完好，拆箱核对母线数量与装箱单数量一致。 （5）组部件、备件应齐全，规格应符合设计要求，包装及密封应良好。 （6）备品备件、专用工具同时装运，但必须单独包装，并明显标记，以便与提供的其他设备相区别。 （7）开关柜在现场组装安装需用的螺栓和销钉等，应多装运10%	

续表

工作流程	工艺／工作要求	标准示例
2.开关柜本体安装就位	（1）新安装好的成列开关柜的接地母线，应有两处与接地网可靠连接点，截面积符合规定要求。采用截面积不小于240mm²铜排可靠接地。金属柜门应以铜软线与接地金属构架可靠连接。 （2）柜体内设备与外界环境密封可靠，密封材料应使用防火、防水材料进行封堵，且封堵严密。 （3）开关柜安装时，应按编号顺序与基础槽钢固定。柜安装的垂直度允许偏差（每米）小于1.5mm，相邻两盘顶部水平偏差小于2mm，成列盘顶部水平偏差小于2mm，相邻两盘边盘间偏差小于1mm，成列盘面盘间偏差小于1mm，盘间接缝小于2mm。 （4）安装开关柜时，应选择正确方法，工作人员应统一发力、收力，由一人指挥、专人监护	
3．母线、绝缘件及穿墙套管等安装	（1）母线在到货验收阶段或安装调试阶段进行导电率检测，导电率应不小于97%IACS。开关柜内母线搭接面应镀银，且镀银层厚度不小于8μm。 （2）新开关柜穿母线排施工前，检查母线外观清洁，无毛刺、油污，表面应进行绝缘包封处理。 （3）母线安装过程中母线平置时，螺栓应由下向上穿，螺母应在上方，其余情况螺母应位于维护侧。母排搭接或紧固螺杆为内六角型，螺杆超出螺帽2~3丝牙，其露出部分不得朝向接地柜壳。柜内母线不应使用单螺栓连接。螺栓紧固，力矩值符合产品技术要求。螺栓紧固后应做标记。	

续表

工作流程	工艺 / 工作要求	标准示例
3．母线、绝缘件及穿墙套管等安装	（4）相间和相对地的空气绝缘净距离不小于125mm（对于12kV）；带电体至门的空气绝缘净距离不小于155mm（对于12kV）。新安装开关柜禁止使用绝缘隔板。即使母线加装绝缘护套和热缩绝缘材料，也应满足空气绝缘净距离要求。 （5）母线套管防火封堵完好，套管地电位片连接可靠。穿柜套管、穿柜TA、触头盒、传感器支柱绝缘子等部件的等电位接地线应与母线及部件内壁可靠接触；采用屏蔽结构的绝缘件其屏蔽线长度应适中，并不得与绝缘件多点接触；穿墙套管、触头盒宜选用双屏蔽结构	
4.调试验收	（1）电气连锁装置、机械连锁装置及其之间的联锁功能动作准确可靠。 （2）断路器手动、电动分合闸正常，机械特性试验合格。 （3）测试开关柜整体回路电阻三相平衡。 （4）手车推拉应轻便灵活，无卡涩及碰撞，无爬坡现象。安全隔离挡板开启应灵活，与手车的进出配合动作，挡板动作连杆应涂抹润滑脂。柜内隔离活门、静触头盒固定板应采用金属材质并可靠接地，与带电部位满足空气绝缘净距离要求。出厂时应设置明显的安全警示标识，并加文字说明。 （5）手车静触头安装中心线与静触头本体中心线一致，且与动触头中心线一致。	

工作流程	工艺／工作要求	标准示例
4.调试验收	（6）手车与柜体间的接地触头接触紧密，手车推入时，接地触头应比主触头先接触，拉出时应比主触头后断开。手车在工作位置时，动静触头配合尺寸正确，动静触头接触紧密，插入深度符合产品规定要求。手车触头表面应镀银，且镀银层厚度不小于8μm。 （7）手车在工作位置和试验位置指示灯显示正确。 （8）接地开关分合闸正常，无卡涩，各转动部分加润滑油，操作连杆转动范围与带电体的安全距离符合要求	
5.手车式开关柜连锁检查	（1）高压开关柜内的接地开关在合位时，手车断路器无法推入工作位置。手车在工作位置合闸后，手车断路器无法拉出。 （2）小车在试验位置合闸后，小车断路器无法推入工作位置；小车在工作位置合闸后，小车断路器无法拉至试验位置。 （3）断路器手车拉出后，手车室隔离挡板自动关上，隔离高压带电部分。 （4）接地开关合闸后方可打开电缆室柜门，电缆室柜门关闭后，接地开关才可以分闸。 （5）在工作位置时，接地开关无法合闸。 （6）带电显示装置显示馈线侧带电时，馈线侧接地开关不能合闸。 （7）小车处于试验或检修位置时，才能插上和拔下二次插头。	

工作流程	工艺 / 工作要求	标准示例
5.手车式开关柜连锁检查	（8）主变进线柜/母联开关柜的手车在工作位置时，主变隔离柜/母联隔离柜的手车不能摇出试验位置，电气闭锁可靠。 （9）主变隔离柜/母联隔离柜的手车在试验位置时，主变进线柜/母联开关柜的手车不能摇进工作位置，电气闭锁可靠。 （10）小车在试验位置摇向工作位置/工作位置摇向试验位置时，断路器不能合闸	
6.交接试验	严格按照《10kV~500kV输变电设备交接试验规程》（Q/GDW 11447）及《电气装置安装工程 电气设备交接试验标准》（GB 50150—2016）进行试验，不得缺项，试验数据满足规程要求	

5.4　常见问题及控制措施

常见问题及控制措施见表5-7。

表 5-7　常见问题及控制措施

序号	常见问题	原因分析	控制措施
1	手车进出卡涩或接触不良	（1）安全隔离板连杆卡涩，在手车摇出或拉出后无法正常关闭；手车导轨安装不正，导致摇入摇出费力。	（1）设备在搬运过程中要固定牢靠，防止磕碰，避免各组件、仪表指示等受损变形，导致设备无法正常操作，各组件应按照工艺标准进行整体水平吻合安装，防止出现各组件无法正常操作的情况。

续表

序号	常见问题	原因分析	控制措施
1	手车进出卡涩或接触不良	（2）开关柜机械防误闭锁装置有问题：接地开关合上后，手车仍能摇入；或开关合上时，手车仍能摇入；或手车摇入后仍能合上接地开关；或开关在合闸位置，仍可摇出或拉出；电气误操作的"五防"没有安装完全，或动作不可靠，手车上下刀闸动、静触头没有对正，导致摇入或摇出费力，动、静触头接触不良	（2）接地开关分合通常与后门的开合状态有关，防止后门闭合异常引起机械闭锁出现异常问题；防止误操作导致活门机构两边支架变形，影响手车动作不可靠。 （3）设备安装过程中应用水准仪、水平尺进行找正找平，保证设备整体的垂直度，防止设备整体倾斜导致配套设备无法正常操作
2	接地开关分合不正常	（1）接地开关操作孔挡板卡涩无法正常开启或关闭，接地开关操作连杆有操作不流畅，或在死点位置，导致接地无法正常分合或分合费力。 （2）接地开关与下柜门联锁不可靠，在分闸状态仍可开启下柜门	（1）设备在搬运过程中要固定牢靠，防止磕碰，避免各组件、仪表指示等受损变形，导致设备无法正常操作，各组件应按照工艺标准进行整体水平吻合安装，防止出现各组件无法正常操作的情况。 （2）设备接地开关安装调试过程中应检查接地组件是否变形、移位后再进行后续工作，严格按照安装工艺要求进行安装调试及复检，防止接地开关动作不到位导致相关联锁装置失效